Phil Gates

ECHT (R)EVOLUTIONÄR, DIE BIOLOGIE!

Aus dem Englischen übersetzt von Barbara Weiner

Illustrationen von Tony de Saulles

Die Deutsche Bibliothek – CIP-Einheitsaufnahme

Echt (r)evolutionär, die Biologie! / Phil Gates.
Ill. von Tony de Saulles.
Aus dem Engl. übers. von Barbara Weiner.
– 1. Aufl. – Bindlach : Loewe, 2000
(WahnsinnsWissen)
Einheitssacht.: Evolve or die <dt.>
ISBN 3-7855-3676-3

Der Umwelt zuliebe ist dieses Buch auf chlorfrei gebleichtem Papier gedruckt.

ISBN 3-7855-3676-3 – 1. Auflage 2000

Die Originalausgabe ist 1999 in Großbritannien bei Scholastic Ltd. unter dem Titel *Horrible Science – Evolve or die* erschienen.

Aus dem Englischen übersetzt von Barbara Weiner
Redaktion: Sonja Fiedler-Tresp
Umschlagillustration: Tony de Saulles
Umschlagtypografie: Andreas Henze
Gesamtherstellung: Westermann Druck, Zwickau
Printed in Germany

Inhalt

Dich hab ich ja ewig nicht gesehn. Was hast du so gemacht?
Mich entwickelt. Sonst nichts.

Phil Gates ist ein außergewöhnlicher Mann. Er ist nicht nur ein erfolgreicher Schriftsteller und Naturwissenschaftler – er hat auch mehrere Preise für seine Skulpturen aus feuchten Papiertüchern gewonnen. Seine Hobbys sind: bei Eiseskälte in Tümpeln herumstehen oder Billard spielen. Er hofft, noch vor seinem nächsten Geburtstag ein Spiel zu gewinnen.

Tony de Saulles hat schon Farbstifte zur Hand genommen, als er noch in den Windeln lag. Und seitdem hat er ununterbrochen gekritzelt und gemalt. Die Arbeit an WahnsinnsWissen nimmt er sehr ernst. Er war sogar bereit, den *Megachasma pelagios* zu zeichnen: den sechstgrößten Hai der Welt. Zum Glück ist Tony jetzt wieder ganz gesund.

Wenn er nicht mit seinem Skizzenblock unterwegs ist, schreibt er Gedichte oder spielt Squash – allerdings hat er noch kein Gedicht über Squash geschrieben.

EINLEITUNG

Biologiestunden können dich wahnsinnig machen. Mit was für seltsamen Kreaturen du dich befassen sollst! Und wie zungenbrecherisch sie alle heißen! Klar, dass du es absolut unfair findest, wenn deine Lehrer von dir verlangen, dass du diesen ganzen kieferverrenkenden Fachjargon lernst, mit dem sie die simpelsten Dinge beschreiben!

Dabei gibt es eine viel bessere Methode, etwas über Biologie zu lernen – die Lehrer müssten sie nur entdecken. Sie müssten einfach aufhören, sich über so viele wissenschaftliche Daten und Fakten auszulassen, und stattdessen den ganzen Stoff in eine Geschichte verwandeln. Statt eine Unterrichtsstunde mit den Worten zu beginnen: „Heute lernen wir etwas über chemische Reaktionen in Chloroplasten" – was jede Klasse, die was auf sich hält, augenblicklich in den Tiefschlaf versenkt –, sollten sie beginnen mit: „Es war einmal …" Das könnte Wunder wirken und aus den Schülern bessere Biologen machen. Denn jeder hat etwas für eine gute Story übrig, und die ganze Klasse würde gebannt zuhören.

Eines dürfen Biolehrer nicht vergessen: Das Leben *ist* eine Geschichte. Sie begann vor dreieinhalb Milliarden Jahren, als die allerersten Lebewesen auf dem Meeresgrund herumwuselten. Seitdem hat das Leben schreckliche Zeiten mitgemacht. Hin und wieder wurde es beinahe völlig ausgelöscht. Und zuweilen entwickelte es sich ganz unwahrscheinlich und brachte so verrückte Kreaturen wie die Hallucigenia hervor (siehe Seite 98).

Die Geschichte des Lebens auf der Erde hat einen Namen. Sie heißt *Evolution*. Diese Geschichte erstreckt sich nun schon über dreieinhalb Milliarden Jahre, und niemand weiß, wann sie einmal enden wird.

Die Evolution ist ein Abenteuer von so monumentalen Ausmaßen, dass nicht einmal die Filmregisseure Hollywoods mithalten könnten. In diesem Abenteuer gibt es Katastrophen und Überraschungen, Schurken, Helden und Horrorszenarien – und hin und wieder sogar ein Happyend oder zwei.

Die Evolution ist einfach verblüffend. Sie ist kaum zu glauben. Und hier ist sie, die ganze Geschichte. Lies sie, und deine Biologiestunden werden nie mehr so sein wie zuvor.

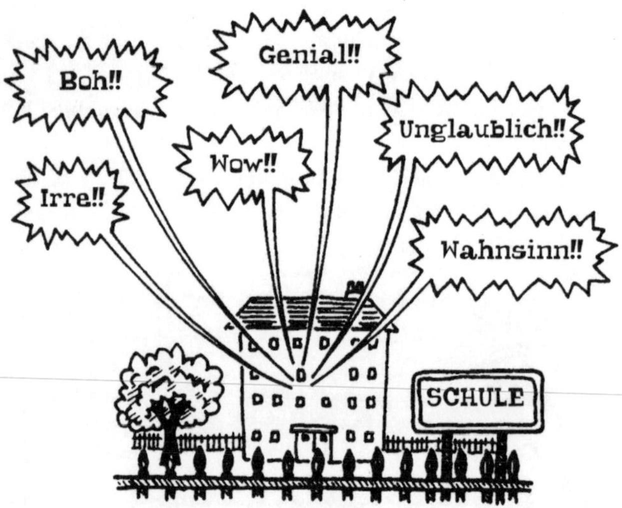

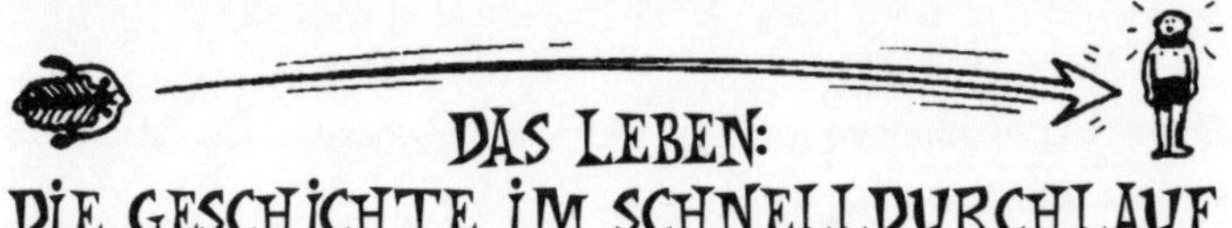

DAS LEBEN: DIE GESCHICHTE IM SCHNELLDURCHLAUF

Unsere Erde kann unglaublich ungemütlich sein. Seit es hier Leben gibt, war das Wetter auf unserem Planeten oft grauenvoll. Mal war es kochend heiß und staubtrocken, dann zähneklapperkalt und voller Eis oder triefend nass und trostlos – und das manchmal für Millionen von Jahren am Stück. Und einmal wurde die Erde von giftigen Gasen umzingelt, mit Asteroiden aus dem Weltall bombardiert und von unsichtbaren (aber tödlichen) ultravioletten Strahlen getroffen.

Schnell, Professor! Zeitmaschine neu programmieren! Das ist nicht 1966.

Aber irgendwie hat sich das Leben durchgekämpft. Und das hat es nur geschafft, indem es sich weiterentwickelt hat – durch stetige Veränderung, Schritt für Schritt. Die glücklichen Lebewesen, die durch Zufall am besten dafür geeignet waren, in unwirtlicher Umgebung zu leben, gediehen prächtig und produzierten Nachkommen, die ebenfalls gut weiterlebten. Die Lebewesen, die Pech hatten und nicht so gut ausgestattet waren, starben aus.

SCHWITZ
SCHWITZ
Bis zur nächsten Eiszeit halt ich das nicht durch!

Diese Entwicklungen nennen die Wissenschaftler Evolution. Im Grunde ist es damit so wie in der Mode: Man muss mit der Zeit gehen.

Aber die Mode ändert sich alle paar Monate. Die Evolution dagegen ist wahnsinnig langsam. Es dauert manchmal Millionen von Jahren, bis sich etwas Interessantes entwickelt hat – zum Beispiel ein zusätzliches Paar Beine oder Flügel.

Die Evolution dauert sogar länger als eine durchschnittliche Schulstunde – also beeilen wir uns ein bisschen. Hier ist die Geschichte des Lebens im Schnelldurchlauf. Halt dich fest – auf den nächsten paar Seiten sausen wir mit mehr als 150 Millionen Jahren pro Sekunde voran.

Milliarden Jahre zuvor

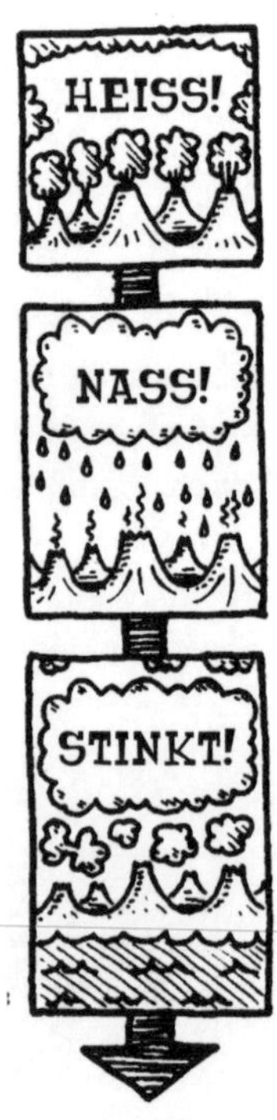

4,5 Milliarden

Die Erde entsteht wahrscheinlich aus den Überresten eines explodierten Sterns. Furchtbare Hitze überall. Alles voller Vulkane. Kein Wasser. Keine Luft. Kein Leben.

4 Milliarden

Der Planet kühlt ab. Wasser entsteht. Es regnet. Das bringt eine Veränderung!

3,5 Milliarden

Die Atmosphäre stinkt wie ein gigantischer Furz – sie ist voll von Schwefelgasen. Ein übel riechender chemischer Cocktail in den Ozeanen bringt ein erstaunliches Molekül hervor, die Desoxyribonukleinsäure – du darfst auch DNS zu ihr sagen.[1]

[1] Moleküle entstehen dann, wenn sich gleiche oder verschiedene Elemente zu komplizierteren verbinden. Das DNS-Molekül ist in allen Lebewesen enthalten. Es kann Kopien von sich machen (siehe Seite 52).

3 Milliarden

Die Zustände auf der Erde verändern sich weiter. DNS-Moleküle entwickeln sich fort, um in unwirtlicher Umgebung zu überleben. Ein hinterhältiges DNS-Molekül schlüpft in einen strapazierfähigen Survival-Overall und verwandelt sich in die erste Bakterie. Dieses Ungeziefer vermehrt sich und breitet sich in einer Schleimschicht aus. Es ernährt sich von Schwefel, und die Atmosphäre riecht bald so wie deine uralten Turnschuhe von innen.

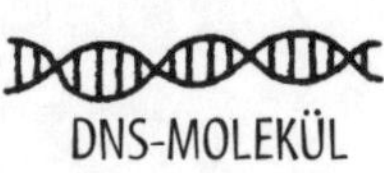
DNS-MOLEKÜL

2 Milliarden

Für so viel Action ist Energie vonnöten. Ein paar Bakterien werden grün, denn sie sind randvoll mit einem chemischen Stoff namens Chlorophyll, der in der Lage ist, Sonnenenergie einzufangen. Statt schön braun zu werden, benutzen diese Bakterien die Sonnenstrahlen, um Wasser und Kohlendioxyd in Zucker für ihre Ernährung umzuwandeln. Sie geben Sauerstoff ab. Der wiederum vergiftet die meisten Bakterien, die sich von Schwefel ernähren. Sie ziehen sich daraufhin in die Tiefen der Meere und in stinkenden Morast zurück, wo sie bis heute leben.

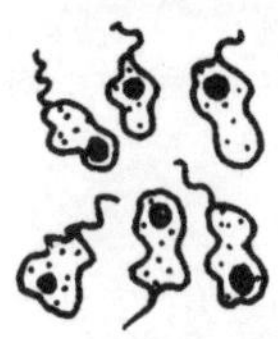

1 Milliarde

Endlich! Nach dreieinhalb Milliarden Jahren der Evolution entsteht etwas, das wie ein Tier aussieht. Primitive Würmer wimmeln unter Wasser rum.

600 Millionen

Plötzlich spielt die Evolution verrückt. Massen von seltsamen Kreaturen entwickeln sich. Dann sterben einige davon wieder aus. So ist das mit der Evolution: zwei Schritte vor und einer wieder zurück. Zum Glück kommen einige durch, und die Evolution muss nicht wieder ganz zurück zum Start.

500 Millionen

Platz da für die trotzigen Trilobiten, die aussehen wie Bohrasseln auf Tauchstation, nur bis zu 50-mal größer.

440 Millionen

Pflanzen breiten sich auf dem Land aus. Allmählich wird's grün. Es gibt Meere voll von wilden, drei Meter langen Skorpionen, den Eurypteriden. Die ersten Fische mit Kiefern entwickeln sich (bislang konnten Fische statt zuzubeißen höchstens mal kräftig saugen). Bei einigen Fischen bilden sich Beine heraus, und sie krabbeln an Land.

400 Millionen

Das Wasser wimmelt nur so von Fischarten – ein Paradies für Angler. Auch an Land ist langsam was los – Quastenflosser, die ersten Landwirbeltiere, erkunden die Erde. Die Pflanzenwelt wird immer vielfältiger. Es geht voran!

350 Millionen

Willkommen, Amphibien! Das Land wird bevölkert. Auch von den ersten Reptilien. Zudem hebt das Leben ab – die ersten fliegenden Insekten entwickeln sich.

270 Millionen

Puh, diese Hitze! Es ist nicht mehr feucht und tropisch, sondern heiß und trocken. Immer mehr Reptilien entwickeln sich. Die Trilobiten sind 210 Millionen Jahre lang auf dem Meeresboden herumgezockelt, doch jetzt sind die guten Zeiten für sie vorbei. Sie sterben aus, denn der Meeresspiegel fällt, und ihr Lebensraum trocknet aus.

220 Millionen

Die niedlichen kleinen Reptilien, die erstmals 135 Millionen Jahre zuvor auftauchten, sind größer und grimmiger geworden. Ja, genau – sie haben sich zu Dinosauriern gemausert. Die Evolution erfindet nach und nach für jeden Zweck einen Dinosaurier, z. B. einen riesigen Pflanzenfresser wie den Brachiosaurus, der zum Frühstück einen ganzen Baum verspeisen kann; einen nimmersatten Jäger wie den verdorbenen Velociraptor; und das größte Raubtier von allen, den teuflischen Tyrannosaurus rex. Revoltierende Reptilien beherrschen auch Luft und Wasser. Flugsaurier steigen zum Himmel auf, während Fischsaurier und Riesenschildkröten die Meere durchschwimmen. Nein, für leckere kleine Kreaturen ist dies keine gute Zeit!

180 Millionen

Blumen blühen. Insektenarten entstehen in schaurigen Scharen. Kleine, pelzige Viecher tauchen auf – die Säugetiere. Sie sind schlau und wendig. Das müssen sie auch, sonst würden sie von den Dinosauriern zertrampelt.

130 Millionen

Aus kleinen Landbewohnern unter den Sauriern entwickeln sich Vögel. Viele Reptilien hingegen entwickeln sich nicht gut genug und sterben aus. Säugetiere wie Beuteltiere erfreuen sich ihres Lebens.

65 Millionen

Schwups! Die Dinosaurier sterben aus. Sobald sie nicht mehr da sind, werden die raffinierteren unter den pelzigen Säugetieren unausstehlich. Jetzt sind sie die gefährlichsten Raubtiere auf dem Planeten Erde.

2 Millionen

Der Mensch entwickelt sich. Eiszeiten verursachen Zähneklappern. Mammute bekommen ein dichtes Fell, damit sie warm bleiben. Trotzdem sterben sie aus. Haben menschliche Jäger sie zu Pelzmänteln und Mammutburgern verarbeitet?

▫
Die Gegenwart. Das Auto wird erfunden, um die Beine zu ersetzen. Pendler bilden mit ihren Autos lange Schlangen, und die Atmosphäre beginnt wieder zu stinken wie ein gigantischer Furz. Wissenschaftler erfinden die Atombombe, die die Uhr um Milliarden Jahre zurückstellen kann. Wie? Indem jemand den berühmten roten Knopf drückt und die größte Explosion aller Zeiten auslöst … Dann wären wir wieder genau da, wo wir angefangen haben.

Kannst du mir noch folgen? Gut. Weiter so.

Wir sind also in der Gegenwart angekommen. Herrscher des Planeten Erde: die Menschen.

Wie sind wir es geworden?

Woher sind wir gekommen?

Was ist in den vergangenen Milliarden von Jahren passiert, dass sich ein lebloser, heißer Planet nach und nach in eine grüne, wasserreiche Heimat für Millionen von Tier- und Pflanzenarten verwandelte?

Große Fragen.

Die Wissenschaftler können einige davon beantworten – aber nicht so einfach auf die Schnelle. Also: Deck dich mit Chips, Schokolade und Sprudel ein, damit du auch durchhältst, mach's dir gemütlich, und sei bereit für die Antworten auf ein paar furchtbar schwierige wissenschaftliche Fragen.

EMPÖRENDE ENTDECKUNGEN

Zu Beginn des 19. Jahrhunderts meinten die meisten Menschen, dass die Religionen ihnen die Antworten auf wirklich wichtige Fragen geben könnten. Wenn du also damals einen Erzbischof oder Kardinal nach dem Ursprung des Lebens gefragt hättest, dann hätte er gesagt: Lies in der Bibel nach! Unterschiedliche Religionen hatten auch unterschiedliche Erklärungen, aber im Kern waren sie sich meist einig:

Nach der christlichen Religion, der damals die meisten Menschen hierzulande angehörten, schuf Gott den Himmel und die Erde und alle Lebewesen auf der Erde. So steht es in der Bibel, in der Schöpfungsgeschichte im ersten Buch Mose.

Du solltest es lesen – es ist eine wahnsinnig gute Geschichte. Dabei wirst du sehen, dass die Menschen so was wie ein nachträglicher Einfall Gottes waren, der ihm erst am sechsten und letzten Tag der Schöpfung kam ...

Es muss eine stressige Woche gewesen sein. Ein Kirchenmann hat sich sogar einmal die Mühe gemacht auszurechnen, wann genau sie stattgefunden hat.

Schon gewusst ...?

1620 rechnete Erzbischof Ussher aus, wann die Welt entstanden ist. Er las die Bibel ganz sorgfältig und rechnete das Alter aller Figuren daraus zusammen. Und das bis zurück zu den ersten Menschen – Adam und Eva – in der Schöpfungsgeschichte im ersten Buch Mose. Er kam zu dem Ergebnis, dass Gott Adam und Eva am Sonntag, den 23. Oktober 4004 v. Chr. um 9 Uhr früh geschaffen hatte.

Heute beweisen moderne wissenschaftliche Tests, dass unser Planet nach der Explosion eines Sterns vor etwa viereinhalb Milliarden Jahren entstanden ist. Die Erde ist also fast eine Million mal älter, als Bischof Ussher vermutet hatte. Und in viereinhalb Milliarden Jahren kann eine Menge passieren!

Neue Gedanken fließen ein ...

Die Bischöfe hielten Geologen – Wissenschaftler, die Steine untersuchen – für schreckliche Unruhestifter. Sie gruben im Fels verborgene Fossilien von uralten Tieren aus. Einige davon unterschieden sich aufs Entsetzlichste von jedem Lebewesen, das man je gesehen hatte.

... und das ist bloß ein Zehennagel.

Seltsamerweise gab es unter den Fossilien dieser hässlichen Biester keine einzige Spur eines menschlichen Skeletts. Nicht mal die halb zerkauten Teile eines unglücklichen Wichts, den die Bestien zum Frühstück verspeist hatten. Es sah ganz danach aus, als ob die Menschen Neulinge auf der Erde wären, die erst aufgetaucht waren, als fast alles andere längst dort war.

Sogar schon vor Darwin (siehe Seite 19) gab es Wissenschaftler, die vermuteten, dass alle Lebewesen von bereits ausgestorbenen Vorfahren abstammen. Aber die meisten von ihnen hatten viel zu viel Angst, um darüber zu sprechen. Einige waren so mutig und taten es dennoch, aber ihre Neuigkeiten schockierten die Menschen. Und die Geistlichen hatten eh immer noch bessere Erklärungen dafür auf Lager.

Fossilien sind Überreste von längst ausgestorbenen Tieren, an deren Stelle sich neue Tiere entwickelt haben.
Unsinn. Fossilien sind die Überreste all der Tiere, die nicht schnell genug auf Noahs Arche gelangten und deshalb in der Sintflut ertranken.
GLUCKS!
JAPS!
Fossilien beweisen, dass Noahs Geschichte wahr ist.

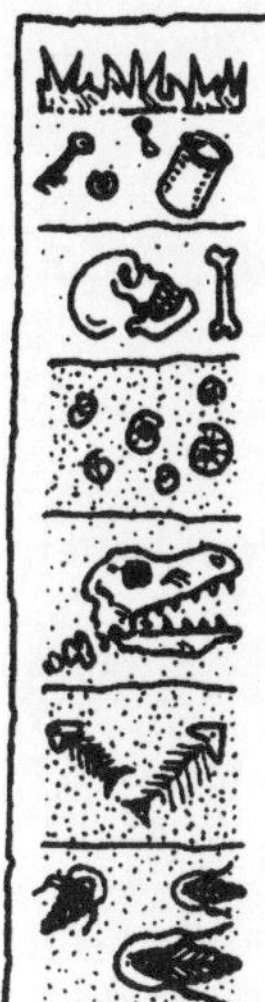

Aber wenn man verschiedene Gesteinsschichten untersucht, findet man dutzende von Schichten toter Tiere. Sie sind alle zu verschiedenen Zeiten ausgestorben. Soll das etwa heißen, dass es viele Sintfluten gab und viele Arche Noahs?

Haha! Nein! Kleiner Scherz von Gott. Er wollte Sie damit nur durcheinander bringen.
Für mich sieht das nach Evolution aus. Neuere Gesteine nahe der Erdoberfläche enthalten andere Fossilien als die älteren weiter unten. Die Tiere, die vor nicht so langer Zeit versteinerten, müssen sich aus den älteren entwickelt haben.

BEWEISE ES!

Wenn sich das Leben wirklich immer weiterentwickelt hat, dann müssten die Wissenschaftler in der Lage sein zu erklären, wie das geschah. Ein findiger Franzose dachte einmal, er hätte die Antwort parat …

TOP-STARS der Evolution: Jean Baptiste Pierre Antoine de Monet, Chevalier de Lamarck

(1744–1829) Nationalität: französisch.

Lamarck – wie er sich nannte, damit er nicht einschlief, bevor er seinen ganzen Namen gesagt hatte – war ein ranghoher Soldat, der sein Schwert an den Nagel hängte, ein Seziermesser zur Hand nahm und Zoologe wurde. Nachdem er die Eingeweide von allen möglichen Tieren erforscht hatte, kam Lamarck zu einer schockierenden Evolutionstheorie, die ungefähr so aussah …

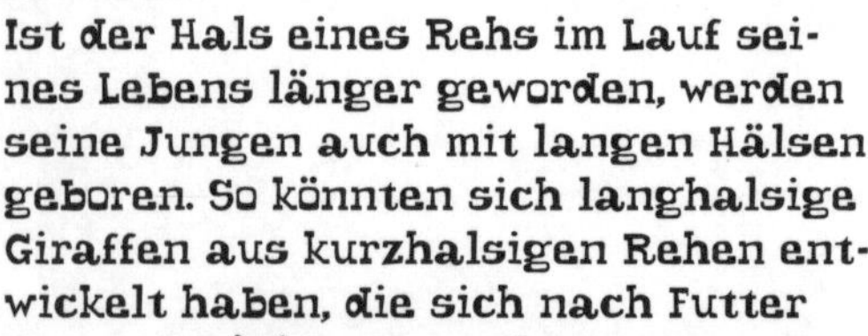

Wenn ein Tier dieselbe Sache immer wieder und wieder tun muss, verändert sich sein Körper allmählich, damit ihm diese Sache leichter fällt. Wenn also ein Reh sich immer höher und höher recken muss, um in den Bäumen Futter zu finden, wird sein Hals allmählich immer länger werden.

Ist der Hals eines Rehs im Lauf seines Lebens länger geworden, werden seine Jungen auch mit langen Hälsen geboren. So könnten sich langhalsige Giraffen aus kurzhalsigen Rehen entwickelt haben, die sich nach Futter recken mussten.

Wenn man so darüber nachdenkt, ist das ein idiotischer Gedanke. Es würde bedeuten: Alle olympischen Athleten, die hart trainieren und deshalb starke, muskulöse Körper haben, bekommen Kinder, die von vornherein olympische Qualitäten haben.

Die meisten Forscher haben sich nicht viele Gedanken über Lamarcks Ideen gemacht. Sie haben ihn ausgelacht. Aber immerhin hatte er eine Theorie, die erklären sollte, wie sich das Leben auf der Erde entwickelt hat – auch wenn sie falsch war. Er hat damit andere, große Forscher ermutigt, die richtige Theorie zu suchen.

TOP-STARS der Evolution: Charles Darwin

(1809–1882) Nationalität: britisch.

Charles Darwin war einer der größten Wissenschaftler aller Zeiten. Er war der Enkel von Josiah Wedgwood – einem weltbekannten Keramikhersteller – und verheiratet mit seiner Cousine, Emma Wedgwood.

Scherben lagen also in der Familie, und einige Leute sagen, dass Charles selbst einen Sprung in der Schüssel hatte. Denn seine Neugier brachte ihn dazu, merkwürdige Dinge zu tun …

Er spielte Würmern Musik vor, um festzustellen, ob sie unterschiedliche Töne hören können.

Er fütterte Insekten fressende Pflanzen namens Sonnentau mit Braten, um herauszufinden, wie sie ihre Nahrung verdauen.

Aber vor allem ist Darwin bis heute dafür berühmt, dass er entdeckte, wie Evolution wirklich funktioniert.

Teste deine Lehrer! Wie viel wissen sie über Darwin?

Lass sie raten, welche Antworten richtig sind.

1 Welches dieser Bücher hat Darwin geschrieben?
a) Die Entstehung der Arten
b) Die verlorene Welt
c) Echt (r)evolutionär, die Biologie!

2 Darwins Lieblingspflanze war …
a) die Fleisch fressende Venusfliegenfalle
b) die saftige Gurke
c) der Blumenkohl

3 Darwin war der weltbeste Spezialist für …
a) Rankenfüßer

b) Flöhe

c) Affen

4 Eines Tages ging Darwin zum Käfersammeln. Er entdeckte einen, den er fangen wollte – aber er hatte schon einen Käfer in jeder Hand. Was tat er?

a) Er schob sich die beiden unter den Hut.

b) Er nahm einen der Käfer in den Mund und fing den dritten mit der freien Hand.

c) Er trat mit dem Gummistiefel auf den dritten Käfer.

5 Was wurde nach Darwin benannt:

a) eine Stadt in Australien?

b) ein Höckerchen an der menschlichen Ohrmuschel?

c) Vögel mit speziellen Schnabelformen?

Antworten: **1 a)** ist richtig, **b)** und **c)** sind falsch. Er schrieb auch noch eine Vielzahl anderer Bücher – über Korallenriffe, Kletterpflanzen, Orchideen, Regenwürmer und Hühner, Tauben und andere Haustiere. **2 a)** ist richtig, **b)** und **c)** sind falsch. Er nannte die Venusfliegenfalle die „wunderbarste Pflanze der Welt", weil ihre Blätter wie Kiefer sind, die zuschnappen und so die Fliegen fangen, die auf ihnen landen. **3 a)** ist richtig, **b)** und **c)** sind falsch. Wer irgendwas über Rankenfüßer wissen wollte, war bei Darwin an der richtigen Adresse. Bis er sich diese Tierchen mal genau angesehen hatte, glaubte man, sie wären nahe Verwandte der Schnecken. Darwin hingegen wies nach, dass ihre nächsten Verwandten die Krebse sind. **4 b)** ist richtig, **a)** und **c)** sind falsch. Der kecke Käfer, den er in den Mund nahm, verspritzte mit seinem Hintern eine heiße Flüssigkeit und verbrannte Darwin damit die Zunge, sodass er ihn ausspucken musste. **5** Sie alle sind nach Darwin benannt. Das Ohrhöckerchen ist seiner Theorie nach aus der Spitze des Säugetierohrs entstanden.

Charles war nicht der Typ, der bei Prüfungen mit guten Noten glänzte. Er untersuchte lieber seine Käfer und andere Krabbeltierchen. Nach seinem Studium nahm er als Naturforscher an einer fünfjährigen Weltreise auf einem Schiff teil. Man hoffte, dass seine Naturkenntnisse dort nützlich wären.

Darwins irre Idee

Darwin war erst 22 Jahre alt, als er auf Weltreise ging, um das Tierleben zu erforschen. Er war nicht gerade ein großer Seemann und wurde ziemlich oft seekrank.

Auf der Reise vom Norden zum Süden von Südamerika machten sie viele Zwischenstopps. Der Kapitän zeichnete Landkarten von der Küste. So hatte Darwin Zeit, um an Land zu gehen und seine Krabbeltierchen-Sammlung zu vergrößern.

Sie umsegelten das tückische Kap Hoorn an der Südspitze Südamerikas und erlebten einige der schlimmsten Stürme, die man sich vorstellen kann.

Ihr Schiff, die *Beagle*, war nur 30 Meter lang. Seine Besatzung bestand aus sage und schreibe 74 Mann, die dort fünf Jahre lang zusammen lebten.

Man kann sich schwer vorstellen, wie das Leben auf der *Beagle* ausgesehen hat. Vielleicht ungefähr so …

Wir schreiben das Jahr 1835. Die *Beagle* schaukelt über die Wellen des südpazifischen Ozeans. In der Kajüte sitzen zwei Männer. Einer ist ein Marineoffizier mit glänzenden Goldtressen an der Uniform. Der andere ein liebenswürdig aussehender Bursche mit buschigem Backenbart und Stirnglatze.

Charles Darwin rülpst zufrieden, lehnt sich in seinem Stuhl zurück und pult sich ein Stückchen Schildkrötenfleisch aus den Zähnen.

„Das war ein schmackhaftes Mahl, Käptn Fitzroy", sagt er. „Aber ich wünschte, wir hätten die Riesenschildkröten lebend mit nach Hause genommen."

Fitzroy seufzt tief. Seine Geduld ist allmählich zu Ende. Seit viereinhalb Jahren teilt er sich nun schon mit Darwin eine winzige Kabine. Manchmal wünschte er, er hätte diesen exzentrischen Naturforscher nie an Bord seines Schiffes gelassen. Wo Fitzroy nur hinschaut, liegen tote, glupschäugige Viecher herum und starren ihn aus alten Gurkengläsern heraus an. Büschelweise Papageienhäute schaukeln an einem Haken über seinem Kopf hin und her und verschieben ihm die Mütze. Stapel von gepressten Pflanzen rutschen vom Tisch herunter, sobald das Schiff sich bei hohem Seegang neigt. Jedes Mal, wenn er an Deck auf und ab gehen will, stößt er sich die Zehen an versteinerten Knochen von riesigen ausgestorbenen Tieren, die Darwin gesammelt hat.

„Tut mir Leid, Darwin, aber wir haben einfach keinen Platz mehr für lebende Tiere. Schauen Sie sich um! Wo hätten wir sechs Riesenschildkröten unterbringen sollen?"

Darwin starrt bedeutungsvoll auf Fitzroys Hängematte, sagt aber nichts. Dann lässt er den Blick zu dem Stapel leerer Schildkrötenpanzer schweifen. Die Tiere hatten auf den Galapagos-Inseln gelebt, die die *Beagle* gerade hinter sich gelassen hat – jedes Tier auf einer anderen Insel. Plötzlich fällt Darwin etwas auf, das er vorher nicht bemerkt hatte. Jeder Panzer hat ein etwas anderes Muster. *Weshalb?*, fragt er sich.

Eine ganze Weile denkt er über diese Frage nach – und dann trifft ihn ein Geistesblitz. Sein Unterkiefer klappt nach unten, und die Gurkengläser mit den konservierten Viechern verschwimmen vor seinen Augen.

Der Groschen war gefallen. Die Galapagos-Schildkröten hatten bei Darwin einen Stein ins Rollen gebracht: Konnte es sein, dass ursprünglich eine einzige Schildkrötenart von der Küste Südamerikas losgeschwommen und auf einer der Inseln gelandet war? Und konnte es sein, dass deren Nachkommen sich auf die anderen Inseln ausbreiteten und sich danach jeweils ein bisschen veränderten? Jede der Inseln unterschied sich ein wenig von den anderen. Es wuchsen dort auch andere Pflanzen. Vielleicht mussten auch die Schildkröten deshalb auf jeder Insel etwas anders sein.

Plötzlich schien alles einen Sinn zu ergeben. Darwin erinnerte sich an die Vögel, die er auf den Inseln gesehen hatte. Auf allen gab es kleine braune Finken, aber jede Insel hatte ihre ganz eigene Finkensorte. Grundsätzlich sahen sie gleich aus, doch die Schnabelform war bei jeder etwas anders. Vielleicht waren sie alle aus ein und derselben Art hervorgegangen, die einst auf einer der Inseln gelandet war; diese Art hatte sich auf die anderen Inseln ausgebreitet, und dort entwickelten sich die Vögel unabhängig voneinander weiter.

Kleiner Galapagos-Führer

Die Spanier entdeckten diese Inselgruppe 1535. Sie stolperten dort quasi über Riesenschildkröten. Deshalb wurden sie Galapagos-Inseln genannt – nach *galapago*, dem spanischen Wort für Schildkröte.

Die Inseln waren 960 km westlich der Küste Ecuadors durch Vulkanausbrüche mitten im Meer entstanden. Es kommt dort bis heute recht häufig zu Vulkanausbrüchen.

Die Galapagos-Inseln waren einst ein beliebtes Urlaubsziel für Piraten, die sich ein bisschen ausruhen wollten, nachdem sie südamerikanische Städte geplündert hatten. Die plumpsmüden Piraten hatten eine große Schwäche für ruhiges Riesenschildkrötengrillen am Strand.

Steckbrief Riesenschildkröte

NAME: **RIESENSCHILDKRÖTE**
LEBENSRAUM: Galapagos-Inseln

DEINE SCHILD-KRÖTE
Einsamer Riesenschild-krötenmann sucht Frau, die's gern lang-sam angehen lässt.

Eine einzige Galapagos-Riesenschildkröte kann 250 kg wiegen. Man braucht acht Leute, um sie hochzuheben.

Früher ritten die Seeleute zum Spaß auf ihnen. Darwin stellte fest, dass sie eine Höchstgeschwindigkeit von 6,5 Kilometer pro Tag erreichten.

Bis heute gibt es elf verschiedene Unterarten der Galapagos-Riesenschildkröte. Jede lebt für sich auf einer anderen Insel. Auf der Insel Pinta gibt es leider nur noch eine einzige Schildkröte. Es ist ein Männchen, der Einsame George. Wer ein echtes Pinta-Riesenschildkröten-Weibchen findet, das George Gesellschaft leistet, kriegt 10 000 Dollar Belohnung.

Während sie weiter heimwärts segelten, festigte sich Darwins Überzeugung, dass man an dem Muster des Panzers erkennen kann, von welcher Insel eine Schildkröte stammt. Wahrscheinlich gab es noch mehr Unterschiede, aber leider war es zu spät, um das herauszufinden. Sie hatten lebende Riesenschildkröten an Bord der *Beagle* geladen, und er und Fitzroy hatten sie gegessen!

Es sah ganz verdächtig danach aus, dass sämtliche Schildkrötentypen sich ursprünglich aus einer einzigen Art entwickelt hatten. Und Darwin begann darüber nachzudenken, ob alle Lebewesen sich auf dieselbe Weise entwickelt hatten.

Die Unterschiede zwischen den Schildkröten waren nicht sehr groß. Doch nach und nach kam Darwin darauf, dass die Evolution vielleicht auch für größere Unterschiede zwischen den Arten verantwortlich war. Konnte es sein, dass Fische das Meer verlassen, Beine bekommen und sich zu Amphibien wie Molchen und Fröschen entwickelt hatten?

Und war es möglich, dass die Menschen genau dieselben Ahnen hatten wie die Affen?

Das war nun *wirklich* eine ziemlich heikle Theorie. Darwin war klar, dass die Kirche gar nichts von der Idee halten würde, dass Menschen und Affen so was wie Vettern waren.

Ein gewaltiger Gedanke

Als Darwin wieder zu Hause in England war, setzte er sich hin und schrieb seine Reiseerinnerungen auf. Dabei dachte er an all die merkwürdigen Pflanzen und Tiere, die er gesehen hatte. Er war sicher, dass die modernen Lebewesen sich aus uralten Vorfahren entwickelt hatten.

Das würde bedeuten, dass man den Stammbaum aller Lebewesen auf Erden von heute bis zurück zu den glitschigen Kreaturen im Urschleim der Erde erstellen könnte!

Und Menschen und Schimpansen müssten von denselben, längst ausgestorbenen Urahnen abstammen.

Menschen und Affen hätten dieselben Vorfahren, sie haben durch die Evolution bloß unterschiedliche Fähigkeiten entwickelt.

Darwins Schlussfolgerung war klar. Die Lebewesen waren nicht im Jahr 4004 v. Chr. alle auf einmal von Gott erschaffen worden. Die Pflanzen und Tiere der Gegenwart hatten sich ganz allmählich aus ihren alten Urururahnen entwickelt.

Es war ein Furcht erregend gewaltiger Gedanke. Und Darwin wusste, dass er damit ganz schöne Schwierigkeiten bekommen würde. Deshalb beschloss er, noch eine Weile zu warten, bevor er jemandem anvertraute, was er vermutete.

Er wartete eine Woche.

Er wartete einen Monat.

Er wartete ein Jahr.

Schließlich vergingen *zwanzig* Jahre, bis er allen Mut zusammennahm und sein berühmtes Buch über die Evolution schrieb.

Es hieß *Die Entstehung der Arten*[1] und wurde auf Anhieb ein Bestseller. Die Leute hörten, dass das Buch skandalöse Ideen enthalte, und so rannten sie in die Buchläden und kauften sich eins. Am Erscheinungstag 1859 waren sämtliche Exemplare sofort ausverkauft.

Es hatte einen Grund, weshalb Darwin 1859 endlich beschloss, seine Ideen zu veröffentlichen. Jemand anderer war drauf und dran, ihm zuvorzukommen. Alfred Russell Wallace (1823–1913), ein Naturforscher, der auf Inseln des Pazifik besondere Tiere sammelte und sie an Museen verkaufte, hatte ebenfalls festgestellt, dass die einzelnen Lebewesen von anderen abstammen. Er hatte Darwin geschrieben und ihm seine Geistesblitze geschildert. Darwin war nicht allzu erfreut darüber – er war schließlich zuerst darauf gekommen, und kein Wissenschaftler wird berühmt, weil er als Zweiter eine Entdeckung gemacht hat. Also setzte Darwin sich hin und schrieb so schnell wie möglich sein Buch.

[1]So hieß es in Wirklichkeit nicht. Der volle Titel ist – tief Luft holen – *Die Entstehung der Arten durch natürliche Zuchtwahl oder die Erhaltung der begünstigten Rassen im Kampf ums Dasein.* – *Die Entstehung der Arten* ist schlichtweg einfacher.

Darwins und Wallaces Ideen wurden gleichzeitig bei einem Treffen der angesehensten Wissenschaftler der Welt vorgestellt. Aber heute erinnern sich nur noch wenige Leute an den armen alten Wallace. Den ganzen Ruhm kassierte Darwin ein. In der Wissenschaft kann es wahnsinnig grausam zugehen ...

Ohne Rücksicht auf Verluste ...

Darwin wurde durch sein Buch zwar berühmt, aber er musste eine Flut an Kritik von Leuten hinnehmen, die seine Ideen schrecklich fanden. Darwins Anhänger nannte man Evolutionisten – und seine Gegner Kreationisten oder Schöpfungsgläubige, weil sie an jedes Wort der biblischen Schöpfungsgeschichte glaubten.

Die beiden Parteien hatten ziemlich viel Krach miteinander. Darwin konnte aber öffentliche Diskussionen nicht ausstehen. Er blieb deshalb die meiste Zeit zu Hause und überließ es seinen Freunden, den Evolutionisten, die gegnerische Seite glatt zu bügeln.

Das berühmteste Wortgefecht fand am 30. Juni 1860 bei einer Versammlung der Britischen Gesellschaft zur Förderung der Wissenschaften in Oxford statt.

Die Auseinandersetzungen zwischen den Schöpfungsgläubigen und den Evolutionisten gingen nicht immer gut aus. Ein berühmter Anhänger von Bischof „Seifiger Sam" Wilberforce kam auf tragische Weise ums Leben.

Es handelte sich um Käptn Fitzroy, der während Darwins Weltreise auf der *Beagle* das Kommando geführt und mit dem Naturforscher eine Kabine geteilt hatte. Wie viele Menschen damals glaubte er an jedes Wort der biblischen Schöpfungsgeschichte. Er war entsetzt darüber, dass er Darwin unfreiwillig dabei geholfen hatte, Beweise für dessen üble Evolutionstheorie zu sammeln und die religiösen Überzeugungen der Menschen in Zweifel zu setzen.

Am Sonntagmorgen, dem 30. April 1865, schloss er sich in sein Studierzimmer ein und schnitt sich die Kehle durch. Du magst das für leicht übertrieben halten, aber es zeigt einfach, wie sehr die Leute die Idee verabscheuten, Affen in ihrer Familie zu haben.

Der arme alte Fitzroy war nicht der Einzige, der nicht an Darwins Theorie glauben wollte. Scharen von skeptischen Wissenschaftlern wiesen darauf hin, dass die Lebewesen aber doch irgendeine Methode haben müssten, um ihre besten körperlichen Qualitäten an ihre Babys weiterzuvererben. Es helfe ja nichts, für das Leben auf der Erde wunderbar ausgestattet zu sein, wenn die tollen Eigenschaften nicht vor dem Tod an die Nachkommen weitergegeben werden könnten.

Denn dann würden die Fähigkeiten, durch die sie so erfolgreich waren, mit ihnen zusammen aussterben. Es würde sich nie etwas ändern: Es gäbe keine Evolution.

Darauf konnte Darwin keine überzeugende Antwort geben.

Er hatte keinen Trumpf im Ärmel. Aber andere Wissenschaftler griffen seine Ideen auf und prüften sie, indem sie Fossilien (siehe Seiten 72–90) und einige der Tiere und Insekten untersuchten, die heute noch existieren. Süße, knuddelige Tiere wie Kaninchen. Oder kleine, bösartige Insekten wie Mücken. Langsam, aber sicher entstand ein vollständiges Bild. Es war nicht in jeder Hinsicht ein schönes Bild, aber die Wissenschaftler erkannten nach und nach, wie die Evolution tatsächlich funktioniert.

Also reib dich mit Insektenschutzmittel ein, zieh dir was Langärmliges an, und sei bereit für eine Begegnung mit … mörderischen Mücken!

MÖRDERISCHE MÜCKEN

Die Evolutionstheorie war eine große, ganz neue Idee. Und die Wissenschaftler mussten schon ziemlich eindrucksvolle Beweise liefern, wenn sie die Menschen davon überzeugen wollten.

Zum Glück können sie inzwischen tatsächlich beweisen, dass ihre Theorie stimmt, denn es gibt tatsächlich Arten, die sich vor ihren Augen verändern. Große evolutionäre Veränderungen nehmen Millionen von Jahren in Anspruch, aber kleine Veränderungen können erstaunlich schnell vor sich gehen.

Steckbrief Malariamücke

NAME: **MALARIAMÜCKE**

LEBENSRAUM: Überall, wo es furchtbar heiß und feucht ist.

ÜBELSTE EIGENSCHAFT:
Überträgt die scheußliche Krankheit Malaria. Die Mücken saugen bei ihrem Opfer Blut und spritzen ihm dann fiese kleine Krankheitserreger in die Adern. Man bekommt dadurch entsetzlich hohes Fieber. Manchmal greifen die Erreger sogar das Gehirn an.

Man hat alle möglichen Medikamente entwickelt, um die Malariaerreger abzutöten. Anfangs schlagen sie meist gut an, aber immer überleben ein paar der Erreger. Das liegt daran, dass sie sich alle ein klein wenig von den anderen unterscheiden. Es gibt immer ein paar glückliche, die auf natürliche Weise gegen die chemischen Gifte geschützt sind. Diese erfolgreichen Exemplare überleben im Körper eines Infizierten und werden von dort aus weitergegeben, wenn die nächste Mücke Blut von ihm saugt und dann zum nächsten Opfer weiterfliegt.

Und dann heißt es für die Wissenschaftler: zurück ins Labor und ein weiteres Medikament entwickeln, das dieser neuen Version ihres alten Feindes den Garaus machen kann.

Wenn die Malariaerreger sich nicht ständig verändern würden, hätten wir diese schreckliche Krankheit längst besiegt. Aber die Erreger entwickeln sich immer weiter. Durch die Evolution sind sie den Forschern stets einen Schritt voraus.

Schon gewusst ...?

- *Wenn charakteristische Eigenschaften einer Art bei einzelnen Vertretern leicht verändert auftreten, nennt man diese Lebewesen* Mutanten. *Die Veränderungen selbst heißen* Mutationen.

- *Die meisten Mutationen nützen ihren Eigentümern nicht sehr viel. So ist ein Blumenkohl nichts als ein mutierter Kohl mit einem schauderhaft aussehenden Kopf aus weißen Blütenknospen, die nie richtig aufgehen. Blumenkohl überlebt nur, weil Menschen, die Gemüse mögen, das wie Hirn aussieht, ihn absichtlich anbauen. Aus der Sicht des Blumenkohls jedoch sind Blumen, die nie aufblühen, eine Katastrophe. Deshalb könnte er ohne menschliche Hilfe nicht überleben.*
- *Manchmal können Mutationen von Vorteil sein. Wenn Menschen bestimmte Tiere mit Chemiekeulen angreifen, wenn das Klima sich verändert oder wenn die Nahrungssuche für die Tiere schwieriger wird – dann kann eine Mutation tatsächlich sehr nützlich sein. Ein Mutant kann im Hinblick auf die neue Situation die besseren körperlichen Eigenschaften haben und überleben. Und wenn er überlebt, wird er sich vermehren und viele Nachkommen mit denselben Eigenschaften hinterlassen – genau wie die mutierten Malariaerreger. So entwickelt sich eine neue, leicht veränderte Ausgabe einer Art.*

Genau das passierte auch den Bären, als sie in die Arktis kamen. Ursprünglich hatten die Bären ein braunes Fell. Doch im Lauf der Zeit wurden einige Baby-Bären mit weißem Fell geboren. Nicht alle. Den braunen Bären fiel es schwerer, sich im Schnee an die Seehunde heranzuschleichen. Also konnten sie sich nicht so gut ernähren wie die weißen – und starben langsam aus.

Kaninchen – Das Geheimnis ihres Erfolgs

Kaninchen vermehren sich, na ja – wie die Karnickel eben. *Sehr* schnell. Jedes Weibchen kann pro Jahr um die 40 Babys bekommen.

Es ist ein Junge!
Es ist ein Mädchen!
... Noch ein Junge!
Ein Mädchen!
Noch ein Junge!
Mädchen! Junge!
Junge! Mädchen! ...

Tiere vermehren sich normalerweise so lange, wie sie genügend Futter, Wasser und Platz haben. Sobald diese aber knapp werden, wird das Leben hart. Um überleben zu können, müssen die Tiere sich gegenüber ihren eigenen Artgenossen durchsetzen.

Nimm einmal an, du wärst ein Kaninchen. Okay, es ist nicht ganz leicht, aber probier's einfach mal. Was wärst du am liebsten: ein braunes, ein schwarzes oder ein weißes Kaninchen?

Wähl zuerst deine Farbe und lies dann nach, wie lange du damit überleben würdest!

Stell dir vor:

a) Du suchst auf einem Acker nach schönem, saftigem Gemüse.

b) Du bist nachts unterwegs – und gegen Gefahren geschützt?

c) Jäger haben es auf Kaninchenfelle abgesehen. Bist du vor ihnen sicher?

d) Alles ist dick verschneit. Wiesel sind auf der Suche nach einem leckeren Imbiss.

Überlebenschancen:

a) Du überlebst zwei Jahre, wenn du ein braunes Kaninchen bist – auf dem Acker bist du hervorragend getarnt. Ein Jahr, wenn du schwarz bist – du hebst dich nicht allzu sehr ab. Fast überhaupt keine Chance hast du, wenn du weiß bist – du stichst heraus wie eine Vogelscheuche und bist eine leichte Beute für Wiesel.

b) Du überlebst zwei Jahre, wenn du braun oder schwarz bist. Denn vorbeifliegende Eulen werden dich nicht so leicht schnappen können. Aber wenn du weiß bist, hast du schlechte Karten. Die Eulen sehen dich sofort, und dein Leben geht dem Ende zu.

c) Du überlebst zwei Jahre, wenn du braun bist. Dein Fell ist nämlich zu langweilig für einen modischen Pelzmantel. Fast keine Chance hast du als schwarzes oder weißes Kaninchen. Dein Fell ist viel zu begehrt.

d) Du überlebst zwei Jahre, wenn du ein weißes Fell hast. Denn auf dem Schnee bist du perfekt getarnt. Braune und schwarze Kaninchen dagegen überleben nicht lang – in null Komma nichts sind ihnen die Wiesel auf den Fersen.

Rechne aus, wie lange du leben wirst!

Als braunes Kaninchen kommst du insgesamt auf sechs Jahre. Und denk dran, du kannst als Weibchen jedes Jahr 40 Junge haben! Also reicht deine Zeit, um mindestens 240 Kinder zu bekommen, die genauso aussehen und genauso erfolgreich überleben wie du.

Als schwarzes Kaninchen hast du nur drei Jahre. Wenn du Glück hast, reicht die Zeit, um als Weibchen 120 Kaninchenbabys zu hinterlassen, aber ihre Überlebenschancen sind nicht so gut wie die ihrer braunen Verwandten.

Und was die weißen Kaninchen betrifft – tja, im günstigsten Fall leben sie zwei Jahre lang und hinterlassen 80 kleine weiße Kaninchen, die darauf hoffen, dass es öfter schneit!

Es ist also leicht zu verstehen, weshalb schwarze und weiße Kaninchen selten sind. Wenn du dich dafür entschieden hast, ein langweiliges braunes Kaninchen zu sein, dann kannst du in deiner

Umwelt am besten überleben. Aber was ist, wenn das Klima sich verändert? Nehmen wir an, es wird kälter, und der Schnee bleibt das ganze Jahr über liegen. Dann sähe die Sache anders aus, und deine weißen Verwandten hätten plötzlich die besseren Karten.

In einer Kaninchenpopulation haben die meisten Tiere ähnliche Eigenschaften. Aber es wird immer ein paar Tiere mit praktischen Mutationen geben. Man kann sich alles Mögliche vorstellen. Sie könnten zum Beispiel einen längeren Darm haben und dadurch leichter ihre Nahrung verdauen – immer gut, wenn man den ganzen Tag damit zubringt, Gras zu kauen.

Teste deine Lehrer

Die meisten Fachwörter klingen schrecklich kompliziert, aber in Wirklichkeit sollen sie dabei helfen, dass komplizierte Dinge einfacher zu verstehen sind. Frag doch mal deine Lehrer, was *koprophag* heißt. Bedeutet es

1. Kot fressend?
2. Polizisten fressend?
3. Oder ist es der Sarg, in dem Pharaonen begraben wurden?

Antwort: 1. Kaninchen sind koprophag. Ihre Gedärme sind zu kurz, als dass sie ihre Nahrung im ersten Verdauungsgang richtig verarbeiten könnten. Also hängen sie einen zweiten Gang dran und fressen ihren eigenen Kot.

Die Wissenschaftler lieben es, seltsame Wörter zu bilden, eben solche wie *koprophag*. Damit kann man diese besondere Angewohnheit der Kaninchen am besten beschreiben. Die meisten Leute verstehen es allerdings nicht und sagen doch schlicht „Kot fressend". Klingt nicht halb so beeindruckend, oder?

Mutanten, die besser ausgerüstet sind als ihre Kumpels, überleben und gedeihen und vermehren sich. Und allmählich fangen sie an zu dominieren. Evolution vollzieht sich. Die Art verändert sich ein wenig.

Wissenschaftler nennen das auch „natürliche Zuchtwahl“ oder „Selektion“. Das bedeutet, dass sich bei wilden Tieren und Pflanzen diejenigen durchsetzen, die von ihren Eltern die besten Eigenschaften fürs Überleben geerbt haben.

Die Lebensbedingungen auf der Erde verändern sich permanent ein wenig, also kommen Tiere mit neuen, nützlichen Mutationen im Lauf der Zeit besser zurecht. Wenn es keine Mutationen gäbe, dann könnten sich die Pflanzen und Tiere nicht weiterentwickeln und an die veränderten Bedingungen anpassen. Und schließlich würden sie aussterben. Wenn du also überleben willst, heißt es für dich: Nimm an der Evolution teil – oder stirb!

„Aaaaah – die Nase hat er von seiner Mutter“

Alle Lebewesen unterscheiden sich ein wenig voneinander. Diese Unterschiede – Mutationen – haben sie häufig von ihren Eltern geerbt. Wahrscheinlich ist dir schon aufgefallen, dass bestimmte Eigenschaften „in der Familie liegen“. Kannst du es auch nicht ausstehen, wenn Folgendes passiert?

Leider müssen alle Kinder mit dieser Art von Vergleichen leben. Die Tanten, Onkel und Omas können sich da einfach nicht zurückhalten. Denn die Menschen haben schon immer darüber gestaunt, wie bestimmte Eigenschaften innerhalb einer Familie weitergegeben werden.

Und sie haben sich immer gefragt, wie das wohl funktioniert. Einer der ersten Menschen, die eine Antwort darauf gaben, war …

TOP-STARS der Evolution: Hippokrates

(460–??? v. Chr. Keiner weiß genau, wann er starb.)
Nationalität: griechisch.

Hippokrates ist durch alles Mögliche berühmt geworden. Manche nennen ihn den „Vater der Medizin", weil er Methoden erfand, um herauszukriegen, was kranken Menschen fehlt. Und weil er versuchte, Heilung für sie zu finden. Bis heute schwören Ärzte den „Eid des Hippokrates". Damit versprechen sie, dass sie ihr Bestes für ihre Patienten tun werden und nichts unternehmen, was ihnen schaden könnte.

Hippokrates entwickelte eine recht seltsame Hypothese, um zu erklären, wie Eltern ihre besonderen Eigenschaften an ihre Kinder weitergeben.

Hippokrates war auf dem völlig falschen Dampfer. Denn wenn man die Farben eines Tuschkastens immer wieder miteinander vermischt, erhält man letztendlich immer dieselbe schmutzige Farbe. Jede Einzelfarbe geht in dieser Mischung unter. Würden also die Eigenschaften beider Elternteile einfach für ihre Kinder zusammengemixt, dann sähen alle Familienmitglieder irgendwann mehr oder weniger gleich aus.

Wenn ein großer Vater und eine kleine Mutter Kinder bekämen, wären sie alle mittelgroß – und auch *deren* Kinder würden mehr oder weniger mittelgroß und die Enkelkinder auch. Wie öde!

Darwin wusste, dass mit dieser Idee irgendwas nicht stimmte. Seine Evolutionstheorie gründete sich darauf, dass einzelne Lebewesen ihre unterschiedlichen Eigenschaften an ihre Kinder vererben. Geschähe das nicht, dann könnten Mutanten ihre positiven Besonderheiten nicht an ihren Nachwuchs weitergeben. Somit gäbe es keine Evolution.

Hippokrates' Erklärung hatte 2300 Jahre lang Bestand. Dann war die Zeit reif für eine neue, und der Mann, der sie lieferte, war …

TOP-STARS der Evolution: Gregor Mendel

(1822–1884) Nationalität: österreichisch (geboren in der heutigen Tschechischen Republik).

Mendel stammte aus einer Bauernfamilie. Deshalb war es damals auch nicht einfach, ihm eine anständige Ausbildung zu ermöglichen. Gregors Eltern war allerdings klar, dass ihr Sohn ein cleveres Bürschchen war, und sie schafften es, genügend Geld für Schule und Universität zusammenzukriegen. Mendel wurde Mönch. Und zwar ein besonderer Mönch. Denn er entwickelte eine Leidenschaft für Pflanzen – vor allem für Erbsen. Den größten Teil seiner Zeit verbrachte er deshalb im Garten.

Genau wie Darwin ging er auf Entdeckungsreise – auch wenn er nur bis zu seinem Gemüsebeet kam. Von 1856 bis 1863 war sein Garten jedes Jahr voll mit Erbsen: insgesamt 30 000 Pflanzen mit großen, kleinen, gelben, grünen, runzligen und glatten Erbsen. Mit einem Pinsel befruchtete er die Blüten mit den Pollen ihrer Nachbarpflanzen, sammelte die Samen, die daraufhin entstanden, und säte sie wieder aus.

Teste selbst ...
... wie eine Blüte funktioniert

Das brauchst du:

einen kleinen Pinsel

ein paar Blumensamen – Kapuzinerkresse wäre ideal

einen Blumentopf

etwas Erde zum Einsäen

Jetzt musst du

die Samen in die Erde einsäen, sie gießen und keimen und blühen lassen. Wenn die Blüten aufgehen, nimm einen Pinsel und sammle damit ein wenig von den Blütenpollen. So heißt das Zeug, das die Bienen sammeln und von Blüte zu Blüte tragen. Mit dem Pinsel trägst du die Pollen auf den Blütenstempel auf. So befruchten die Pollen die Blüte, und Samen entstehen. Die Samen pflanzt du ein, damit sie keimen und wachsen.

Das folgende Bild führt dir noch mal vor Augen, was bei einer Blume was ist.

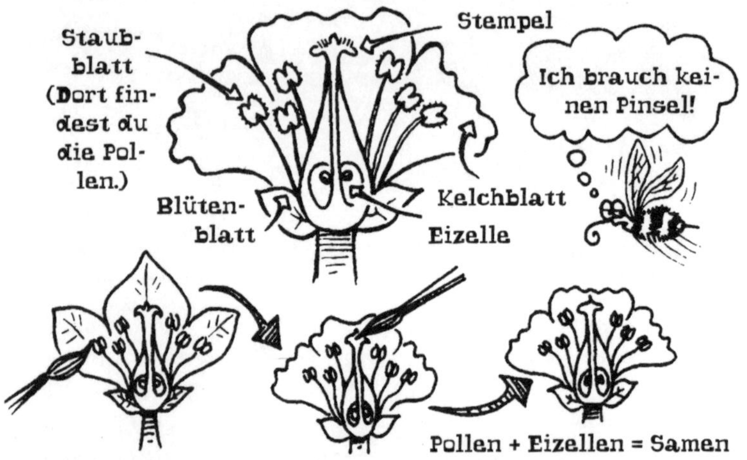

Mendel übernahm den Job der Bienen und trug die Pollen von Blüte zu Blüte. Und er merkte sich genau, welche Pflanze welche befruchtet hatte.

Als aus den Blüten neue Samen entstanden waren, verbrachte Mendel seine ganze freie Zeit damit, die Erbsen in verschiedene Typen einzuteilen und zu zählen. Dann säte er die Samen wieder aus und zählte, wie viel unterschiedliche Pflanzen aus ihnen wuchsen – es gab runzlige Samen und glatte Samen, hohe Pflanzen und niedrige Pflanzen. Schließlich nahm er seinen Pinsel und befruchtete wieder die Blüten jeder Pflanze mit den Pollen einer anderen.

Mendel war ein Mönch mit einer Mission – er musste herausfinden, wie Lebewesen ihre Eigenschaften weitervererben, egal, wie lange er dafür brauchen würde.

Und eines Tages, nach vielen Jahren langatmiger Vorarbeit, traf Mendel ein Geistesblitz. (Wurde auch Zeit!)

Er fand heraus, dass die Information für jede Eigenschaft auf einem winzigen Teilchen oder Partikel weitergegeben werden musste – und zwar nach einem festen mathematischen Gesetz. Wenn man wissen wollte, wie die folgende Generation aussehen würde, brauchte man sich bloß die charakteristischen Eigenschaften jedes Elternteils anzuschauen und ein paar einfache Regeln anzuwenden.

Mendels goldene Regeln

1 Eigenschaften wie die Blütenfarbe der Pflanzen oder beim Menschen die Größe der Nase werden mithilfe unsichtbarer Teilchen innerhalb der Zellen von einer Generation an die nächste weitergegeben.

2 Für jede Eigenschaft liegt die Information auf einem anderen Teilchen.

3 Die Teilchen arbeiten paarweise zusammen. Je eins vom Vater und eins von der Mutter bilden ein Paar.

4 Diese Teilchen existieren in zwei verschiedenen Formen. Manche sind *dominant* – das heißt, dass sie und ihre Erbinformation sich immer durchsetzen. Und manche sind *rezessiv* – das heißt, dass ihre Erbinformation hinter der eines dominanten verborgen bleibt. Nur, wenn zwei rezessive Teilchen zusammenfinden, dann treten ihre Merkmale auf jeden Fall bei der Pflanze oder dem Tier auf, das ihre Erbinformationen erhält.

Das funktioniert so:

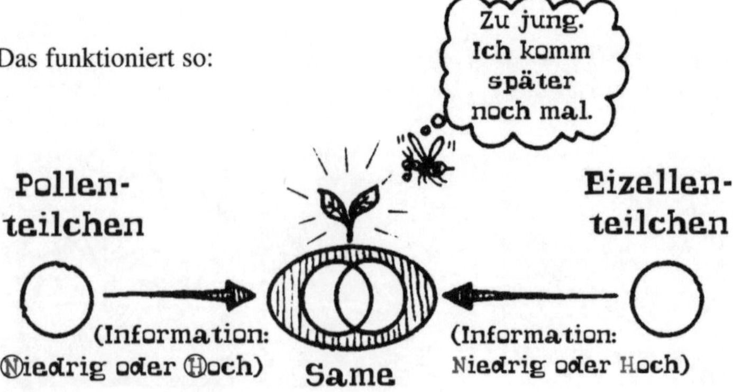

Bei diesem Beispiel gilt folgendes Gesetz: „hoch“ ist dominant, „niedrig“ ist rezessiv.

Also …

Die Information „hoch“, gepaart mit der Information „hoch“, ergibt eine hoch wachsende Pflanze.

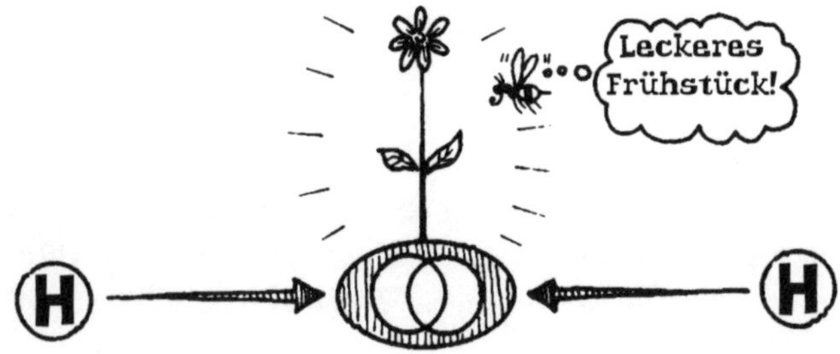

Die Information „hoch“, gepaart mit der Information „niedrig“, ergibt auch eine hoch wachsende Pflanze. (Die Information „niedrig“ ist rezessiv, deshalb steht sie hinter der Information „hoch“ zurück).

Die Information „niedrig“, gepaart mit der Information „niedrig“, ergibt eine niedrig wachsende Pflanze.

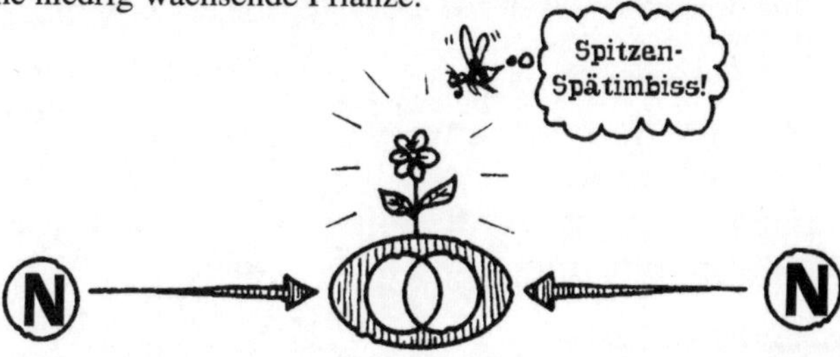

Tatsache!

- Mendels „Teilchen“ nennen wir heute Gene. Alle Eigenschaften aller Lebewesen werden von Genen bestimmt, die von den Eltern an die Kinder weitervererbt werden. Sie gleichen Anweisungen, die in den Zellen des Körpers enthalten sind.
- Sogar ein winziger, simpler Organismus wie ein Bakterium ist von über 10 000 Genen bestimmt. Und für alle Anweisungen, die nötig sind, um so was Kompliziertes wie einen Menschen hervorzubringen, werden ungefähr 100 000 Gene gebraucht.
- Wenn Gene sich verändern, kommt es zu Mutationen. Mithilfe solcher Mutationen verändert die Natur die Anweisungen ein wenig und erfindet neue Körpereigenschaften.

Mendels Entdeckung brachte eine ganz neue Wissenschaft hervor, die *Genetik*. Und natürlich eine ganz neue Gruppe Wissenschaftler, die *Genetiker*.

Aber die Genetiker konnten die Gene nicht richtig untersuchen, solange sie nicht wussten, wo sie sich überhaupt befanden. Bis zum Beginn des 20. Jahrhunderts rauften sich die Wissenschaftler verzweifelt die Haare bei dem Versuch, diese penetranten Dinger zu finden. Zu ihrer Überraschung merkten sie schließlich, dass sie schon seit Jahren genau draufschauten.

Na ja, das stimmt nicht ganz. Ein einzelnes Gen kann man nicht sehen, nicht einmal mit einem wirklich starken Mikroskop. Dazu ist es viel zu klein. Aber man kann erkennen, wenn tausende von ihnen an einem Ort zusammen sind. Und dieser Ort ist das Innere einer Zelle.

Zellplasma = schnodderartiger Schleim

Zellkern = Informationszentrum, von wo aus die Gene Anweisungen an die Zelle aussenden

Los, Zelle, mach schon!

Mitochondrien = kleine Kraftwerke, die Nährstoffe aufspalten und in Energie verwandeln

Sieben sensationelle Infos über Zellen

1 Pflanzen, Tiere, Bakterien … von der Ameise bis zum Elefanten: Alle Lebewesen bestehen aus Zellen.

2 Zellen sind normalerweise winzig. Wenn du 40 durchschnittliche Pflanzenzellen aneinander reihen würdest, dann würden sie gerade mal einen Stecknadelkopf bedecken.

3 Wenn Menschen die gleichen Zellen wie Pflanzen hätten, wären wir grün! Pflanzenzellen haben schicke grüne Chloroplasten, mit denen sie Sonnenlicht, Wasser und Kohlendioxyd in Nährstoffe umwandeln.

4 Hast du gestern ein leckeres Spiegelei zu Abend gegessen? Dann hast du in Wahrheit eine Riesenzelle verspeist! Denn Vogeleier sind eine Besonderheit. Sie bestehen aus einer einzigen Zelle, die von einer harten Schale umgeben ist, damit sie außerhalb des Körpers ihrer Besitzerin überleben kann.

Kriege ich ein Würstchen zu meiner Riesenvogeleizelle, Mami?

5 Straußeneier wiegen um die anderthalb Kilo (drei Pfund). Sie halten den Rekord der größten Zelle der Welt.
6 Wenn du deine Kleider ausziehst und dich vor den Spiegel stellst, dann ist alles, was du siehst, tot. Alle Zellen an der Oberfläche deiner Haut sind abgestorben und fallen ab. Aber keine Angst, die Zellen darunter teilen sich immerfort. Dadurch entstehen brandneue Zellen. Und ungefähr alle sechs Wochen bekommst du eine schöne neue Hautschicht.

Nicht heute Abend, Ben - jeden Moment muss meine neue Haut durchkommen.

7 Die Schuppen auf dem Kragen deines Lehrers bestehen aus abgestorbenen Zellen. Wenn die Zellen noch lebten, dann trügen die Gene darin alle Informationen in sich, die nötig wären, um eine exakte Kopie deines Lehrers herzustellen. (Fiese Vorstellung!)

Faszinierende Chromosomen

Schon zu Mendels Zeiten besaßen die Wissenschaftler ziemlich starke Mikroskope – stark genug, um den Kern einer Zelle sichtbar zu machen. Und manchmal sah man durch diese Mikroskope auch lange, wurmförmige Dinger. Diese Dinger wurden Chromosomen genannt. *Chroma* heißt farbig, und *soma* heißt Körper. Chromosomen sind blass gefärbt. Die Zellen dagegen sind durchsichtig.

Chromosomen sind total faszinierend.
1 Sie enthalten deine Gene. Stell sie dir wie eine lange Wurstkette vor!

2 Die meiste Zeit trifft man sie paarweise an. Die Tier- und Pflanzenarten haben eine unterschiedliche Zahl von Chromosomen. Du hast 46 (23 Paar).

Hausfliegen haben poplige zwölf (sechs Paar).

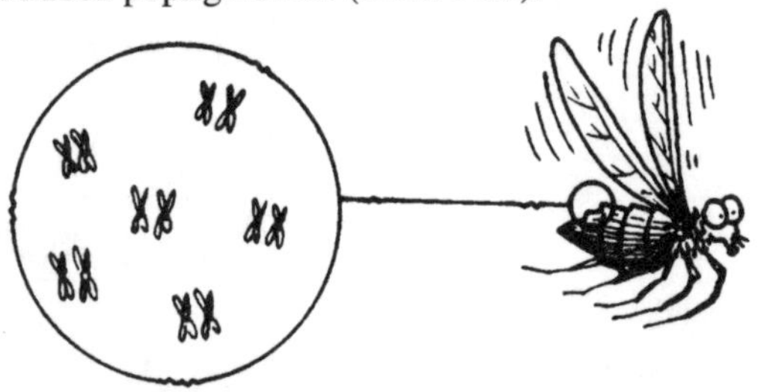

Die Gemeine Natternzunge dagegen, eine Farnart, hält mit unglaublichen 1 260 Chromosomen (630 Paar) den Rekord! Niemand weiß, wozu sie so viele davon braucht.

3 Wenn deine Haut wächst, teilen sich ihre Zellen, und mit den Chromosomen darin passiert etwas Merkwürdiges. Sie teilen sich ebenfalls, sodass jede neue Zelle wieder einen kompletten Satz Informationen über alles enthält, was sie wissen muss, um ein Teil von dir zu sein.

4 Beim Menschen enthalten die weiblichen Eizellen und die männlichen Samenzellen nur je 23 Chromosomen. Wenn sie miteinander verschmelzen, damit ein Baby entsteht, dann ergibt das zusammen einen kompletten Satz von 46 Chromosomen – wobei die eine Hälfte von der Mutter kommt und die andere Hälfte vom Vater.

5 Deine Gene stammen also zur Hälfte von deiner Mami und zur Hälfte von Paps. Die Gene bzw. Chromosomen jeder Eizelle und jeder Samenzelle unterscheiden sich ein wenig voneinander. Niemand kann voraussagen, welche Eizelle mit welcher Samenzelle verschmelzen wird, wenn ein neuer Mensch entsteht. Sofern du keinen eineiigen Zwilling hast, gibt es deshalb niemanden auf der ganzen Welt, der genetisch *genauso* ist wie du.

Die Geschichte der Genetik im Zeitraffer

Heute wissen die Forscher eine Menge mehr über Gene, als Mendel damals herausfand. Sie wissen sogar, woraus sie bestehen, und zwar dank

TOP-STARS der Genetik: James Dewey Watson

(*1928) Nationalität: amerikanisch.

Watson wuchs in Chicago, USA, auf. Er war noch ein kleiner Knirps, da machte sich schon seine erstaunliche Intelligenz bemerkbar. Auf die Universität von Chicago ging er bereits im zarten Alter von 15 Jahren!

Und er war erst 25 (die meisten Wissenschaftler sind uralt!), als er und sein Kumpel Francis die DNS entdeckten.

Francis Crick (*1916) Nationalität: britisch.
Als Crick noch ein Kind war, schenkten seine Eltern ihm ein Kinderlexikon. Francis las es, und seine Entscheidung stand fest: Er wollte Forscher werden. Seine einzige Sorge war, dass alles schon entdeckt sein würde, bis er erwachsen war. Er ahnte nichts davon, dass er zusammen mit Watson eine der bedeutendsten Entdeckungen aller Zeiten machen würde – nämlich wie die DNS aufgebaut ist.

Watson und Crick arbeiteten an der Universität von Cambridge in England zusammen. Damals arbeitete James Watson gerade an der Erstellung eines Modells von den Genen, die die Anleitung für den Bau eines Menschen beinhalten. Francis Crick war damals dabei herauszufinden, wie das Gehirn arbeitet. Aber richtig berühmt wurden die beiden, weil sie den Aufbau der DNS entdeckten, des magischen Moleküls des Lebens, das erstmals vor Milliarden Jahren in den stinkenden Urozeanen aufgetaucht war. Sie gewannen dafür 1962 einen Nobelpreis.

Ein furchtbarer Gedanke ...

Die DNS, die vor Milliarden Jahren in dem allerersten Bakterium enthalten war, lebt in uns weiter, und zwar in mutierter Form. Sie existierte schon in schleimigen Würmern, in Riesenskorpionen und im Pterodactylus und jetzt schließlich im Menschen. Die ganze Zeit über mutierte sie immer wieder und produzierte auf diese Weise viele unterschiedliche Körpereigenschaften, die ihr halfen, sich in die nächste Generation hinüberzuretten. All die verschiedenen Tiere, die je auf der Erde gelebt haben, sind aus DNS-Molekülen entstanden. Und wir sind heute nichts anderes als die letzten Lebewesen mit dieser alten DNS, die sich bisher entwickelt haben. Eigentlich sind wir nicht mehr als Transporter dieses erstaunlichen Moleküls. Das Leben hat sich im Grunde nur weiterentwickelt, damit die DNS-Moleküle überleben.

Ein britischer Wissenschaftler namens Professor Richard Dawkins (*1941) beschäftigte sich ebenfalls mit dem DNS-Molekül. Er hatte eine Idee und nannte sie die *Theorie vom selbstsüchtigen Gen.*

Solange nur die DNS weitergegeben wird, spielt es keine Rolle, wer oder was auch immer währenddessen zu Schaden kommt. Gene kümmern sich nicht um irgendwelche Schäden, Gene kümmern sich um gar nichts.

Dawkins behauptet, dass alle Pflanzen und Tiere wirklich nur Transportmittel dieses erstaunlichen Moleküls sind. Wir existieren nur, um dafür zu sorgen, dass die Gene, die aus DNS-Molekülen bestehen, überleben. Andere Wissenschaftler sind da gar nicht einverstanden – ganz klar.

Aha! Ich sehe, Sie haben einen neuen Schwung DNS-Moleküle in Arbeit!
Äh, so könnte man's auch nennen!

Darwins Evolutionstheorie kam wieder ins Gespräch, nachdem die Wissenschaftler entdeckt hatten, dass Evolution auf Veränderungen der Gene zurückzuführen ist und so bessere Körpereigenschaften von einer Generation an die nächste weitergegeben werden können. Aber Darwins Theorie hatte nicht alle Antworten parat. Wenn sich aus einer Art eine andere entwickeln konnte, dann mussten die Wissenschaftler dringend eine Antwort auf eine ganz neue und furchtbar komplizierte Frage finden:

Wo hört eine Art auf, und wo beginnt eine neue?

In Darwins Evolutionstheorie ging es darum, wie aus einer alten Art eine neue wird. Jetzt willst du sicher wissen: Was genau ist eigentlich eine Art? Tja – diese Frage wird dir noch Leid tun …

Denn wenn du zwei Wissenschaftlern dieselbe Frage stellst, bekommst du drei verschiedene Antworten. Mindestens.

Wenn du Pech hast, beantworten sie deine Frage mit einer Gegenfrage.

Stellst du demselben Wissenschaftler zweimal dieselbe Frage, bekommst du wahrscheinlich zwei verschiedene Antworten.

Wissenschaftler sind nun mal so. Können sich nicht entscheiden. Sind immer auf der Suche nach dem letzten Indiz, das den endgültigen Beweis liefert. Ändern dauernd ihre Meinung. Damit muss man wirklich rechnen, denn sie entdecken ständig etwas Neues.

Warum musst du auch unbedingt wissen, was eine Art ist? Klar, weil der folgende Teil unserer Geschichte fürchterlich knifflig wird.

Denn das Problem ist, dass die Wissenschaftler sich bis heute nicht einigen konnten, wie sie den Begriff „Art“ definieren sollen. Das ist nicht gerade ideal, wenn man versucht zu erklären, wie sich Arten entwickeln.

Verwirrt? Genau das sind sie auch. Es ist ein totales Chaos – aber sie tun ihr Bestes, um das Problem zu lösen.

Erkennst du eine Art?

Kinderleicht?

Das ist nicht dein Ernst!

Du magst glauben, dass man sich eine Pflanze oder ein Tier bloß genau genug anschauen muss, um die Art zu identifizieren. Schließlich kannst du die meisten wild wachsenden Blumen auseinander halten, wenn du dir ihre Blätterform und Blütenfarbe anschaust.

Und du kannst Schlangen auseinander halten, indem du dir ihre Zeichnung ansiehst – oder?

Und du kannst die meisten Fische erkennen, indem du dir ihre Form, Größe und Farbe ansiehst – und ihr Verhalten, oder?

Das ist alles gut und schön. Die Welt wäre ja auch ein gefährlicher Ort für Leute, die eine Hauskatze nicht mit einem Blick von einem Puma unterscheiden können. Falls du das nicht hinkriegst, pass nächstes Mal auf, bevor du eine Katze streichelst!

Aber (bestimmt hast du geahnt, dass „aber“ eines der Lieblingswörter der Wissenschaftler ist) es gibt nur eine einzige Möglichkeit, um sicherzugehen, dass man zwei unterschiedliche Arten vor sich hat: Man muss überprüfen, ob sie keine Nachkommen miteinander haben können. Das Problem ist dabei, dass sich überraschend viele Tiere oder Pflanzen kreuzen können, die so unterschiedlich aussehen, dass sie Vertreter verschiedener Arten sein könnten.

Nimm zum Beispiel Hauskatzen und schottische Wildkatzen! Sie können sich kreuzen, und ihre Jungen bekommen von beiden Arten etwas mit – sie beißen dir den Finger ab und schnurren dann zufrieden.

Tiere, die sich so miteinander kreuzen, sind ein wirkliches Problem für Wissenschaftler, die sich mit Evolution beschäftigen. Denn so weiß man natürlich nie genau, wo die eine Art aufhört und die andere beginnt. Da ist zum Beispiel dieser wahnwitzige Fall mit der Schwarzkopfruderente und ihrer Verwandten, der Weißkopfruderente …

RUDERENTEN AUF REISEN

Die weißköpfigen Enten hatten ihre schwarzköpfigen Verwandten seit zehntausenden von Jahren nicht gesehen. Und so war es ein glücklicher Tag, als der britische Vogelforscher und WWF-Gründer Sir Peter Scott die beiden wieder zusammenbrachte. Denn Sir Peter holte Schwarzkopfruderenten aus Amerika und ließ sie in einem britischen Vogelschutzgebiet frei.

Besuch bei Verwandten

Die schwarzköpfigen Enten fühlten sich rasch wie zu Hause,

und bald hörte man das muntere Platsch-Platsch winziger Entenfüßchen. Das bedeutete, dass sie bleiben würden. Manche schauten sich sogar die Sehenswürdigkeiten Europas an und flogen nach Spanien, wo ihre Verwandten, die Weißkopfruderenten, auch lebten.

Knallrot im Gesicht

Aber dann begann alles schief zu laufen. Wenn Sir Peter Scott noch lebte, würde er bestimmt hochrot anlaufen, weil seine schwarzköpfigen Enten ein echtes Chaos angerichtet haben. Denn bald taten sie so, als ob sie zur Familie der weißköpfigen Enten gehörten. Die beiden Familien sehen zwar ziemlich unterschiedlich aus, aber die weißköpfigen Enten können sich mit den schwarzköpfigen paaren. Und dabei kommen nur schwarzköpfige Küken heraus! Nicht ein weißer Kopf in Sicht! Womöglich wird es nicht mehr lange dauern, bis die letzte weißköpfige Ente ins Gras beißt.

Ins Schwarze getroffen?

Die Weißkopfruderente ist bereits selten geworden. Deshalb haben Vogelexperten nun die Jagd auf die schwarzköpfige Ente eröffnet. Ist dies das tödliche Ende der schwarzhäuptigen Ente, oder sieht sie ihr Unglück und taucht ab?

Die schwarzköpfige und die weißköpfige Ente sehen aus, als gehörten sie verschiedenen Arten an. Doch das ist nicht der Fall. Sie gehören zu *einer* Art, die gerade dabei ist, sich in zwei verschiedene Arten aufzuspalten – aber noch nicht ganz damit fertig ist.

Das ist ein weiterer Beweis dafür, dass der alte Darwin verdammt Recht hatte – die Arten wurden nicht alle auf einmal geschaffen, und sie sind nicht seit Beginn der Zeiten gleich geblieben. Sie verändern sich ständig, immer nach und nach ein kleines bisschen. Schwarzköpfige und weißköpfige Enten kreuzen sich und bekommen Küken, die später genau wie die Schwarzkopfruderenten aussehen – und sich mit beiden verblüfften Elternteilen paaren können.

So, da hast du's. Du wolltest wissen, was eine Art ist. Und wie jeder gescheite Wissenschaftler dir antworten würde, ist eine Art:
a) eine Gruppe von Lebewesen, die ähnlich aussehen,
b) eine Gruppe von Lebewesen, die sich mit keiner anderen Gruppe von Lebewesen kreuzen kann.
Zwei Antworten also. Aber was hast du denn erwartet? Das ist die Wissenschaft! Und wissenschaftliche Theorien machen auch eine Evolution durch, genau wie das Leben.

Teste deine Lehrer

Prüf doch mal nach, ob deine Lehrer echte Arten erkennen können. Frag sie, welche dieser Wahnsinnskreuzungen zu lachhaft ist, um *wirklich* zu existieren:
a) Ein „Löger" hat eine Löwin zur Mutter und einen Tiger zum Vater.
b) Wenn ein Zebra sich mit einem Esel paart, kommt ein „Zesel" dabei heraus.
c) Der „Bellende Miezefisch" ist eine Kreuzung zwischen Katzenhai und Hundshai.

Antworten: a) wahr, **b)** wahr, **c)** lachhaft.

Wissenschaftlern, die erklären wollen, wie die Evolution funktioniert, können solche Kreuzungen wahnsinnige Probleme bereiten. Denn eine neue Art entsteht ja dadurch, dass sie sich aus einer schon bestehenden alten Art fortentwickelt. Aber wie kann eine neue Art wirklich anders werden, wenn sie sich immer wieder mit der alten kreuzt? Irgendwie müssen die alte und die neue Art sich doch vollkommen voneinander abtrennen. Das ist ein ganz verrücktes Problem – ein Problem, das seit Darwins Zeiten viele kluge Köpfe verrückt gemacht hat.

Zum Glück haben die Forscher doch eine Erklärung dafür gefunden, wie aus einer Art zwei werden. Man kann es sich so vorstellen wie die Entwicklung, die dazu geführt hat, dass Engländer und Amerikaner verschiedene Versionen derselben Sprache sprechen.

Vor 400 Jahren, als die erste Schiffsladung mit Engländern nach Amerika fuhr, sprachen alle dasselbe Englisch.

Aber seit dieser Zeit haben die Amerikaner und die Engländer unterschiedliche Ausdrücke für dieselben Dinge entwickelt.

Natürlich haben Engländer und Amerikaner sich nicht zu unterschiedlichen Arten entwickelt. Aber stell dir vor, was es für Tiere bedeuten muss, wenn sie Millionen von Jahren voneinander getrennt waren und sich dann wieder treffen. Sie verstehen das Quieken und Gackern und Brüllen ihres Gegenübers nicht mehr. Also ignorieren sie sich bloß gegenseitig und benehmen sich wie unterschiedliche Arten.

In der Natur kann alles Mögliche eine Art in kleine Gruppen aufteilen, die dann anfangen, sich getrennt voneinander weiterzuentwickeln. Sie können aufgeteilt werden durch:

- Flüsse, Erdbeben oder Vulkanausbrüche

- Gebirgszüge
- untergehendes Land. Gestrandete Tiere leben auf Inseln oberhalb des Meeresspiegels weiter.

- zerstörte Brücken. Das verschneite Sibirien (Asien) war einstmals mit dem arktischen Alaska (Amerika) verbunden. Diese Landverbindung versank unter dem Meeresspiegel. Zuvor konnten sich Bären einer einzigen Art zwischen den Kontinenten hin- und herbewegen. Inzwischen haben sich, durch das Meer getrennt, zwei Bärentypen entwickelt, die sich nicht mehr besuchen können.

• aufsteigendes Land, das Wassertiere voneinander abtrennt.

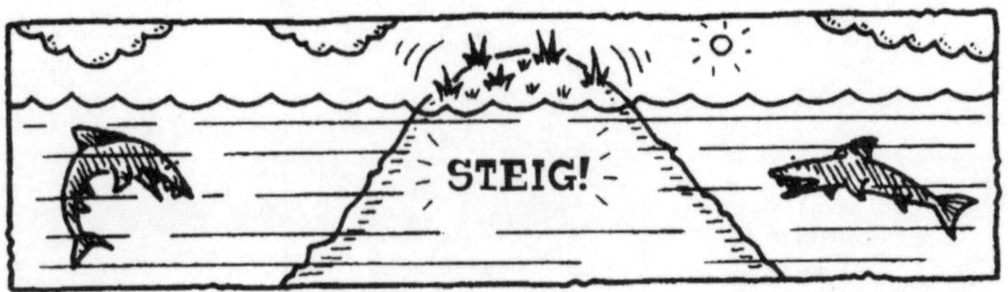

Tiere können auch zu Schiffbrüchigen werden. Sie können aufs Meer hinausgetragen werden und schließlich auf einer Insel stranden. Erinnerst du dich an die Riesenschildkröten und die Darwinfinken, die Darwin auf den Galapagos-Inseln entdeckte?

Teste deine Lehrer

Prüf mal nach, ob deine Lehrer die Antwort auf diese fatale Frage finden.

Mesosaurier waren Reptilien, die vor 300 Millionen Jahren ihre Zeit damit verbrachten, in Lagunen zu baden und in der Sonne zu liegen. Inzwischen sind sie ausgestorben, und man findet in afrikanischen und südamerikanischen Kohlebergwerken nur noch Fossilien von ihnen.

Wie ist es zu erklären, dass man genau die gleichen Mesosaurierfossilien auf zwei verschiedenen Kontinenten findet, die durch einen tausende von Kilometern breiten Ozean voneinander getrennt sind?

1 Die Mesosaurier schwammen immer kreuz und quer über den Atlantik. Deshalb lebte auf beiden Seiten dieselbe Art.

2 Sie trieben auf Baumstämmen hinüber.

3 Sie spazierten über eine Landbrücke, die später unter der Wasseroberfläche verschwand.

4 Das ist blanker Zufall. Auf beiden Kontinenten entwickelten sich getrennt voneinander zur gleichen Zeit die gleichen Mesosaurier.

5 Zu Lebzeiten der Mesosaurier vor 300 Millionen Jahren waren Südamerika und Afrika miteinander verbunden. Erst viel später spalteten sie sich und schoben sich auseinander. Dabei verblieben auf beiden Kontinenten Überreste versteinerter Mesosaurier.

Antworten: 1 Nicht sehr wahrscheinlich – sie hatten was gegen Salzwasser. **2** Wer kann schon den ganzen Ozean auf einem Baumstamm balancierend überqueren?! **3** Forscher haben danach gesucht, aber sie konnten keinen Hinweis auf eine Brücke finden. **4** Dieser Zufall wäre allzu groß. **5** Genau so ist es passiert. Der Mann, der es bewiesen hat, heißt Alfred Lothar Wegener.

TOP-STARS der Forschung: Alfred Lothar Wegener

(1880–1930) Nationalität: deutsch.

Alfred Wegener führte ein bewegtes Leben. Nach seinem Studium an der Heidelberger Universität wurde Sterngucker Alfred Astronom. Danach wurde er Ballonfahrer. Mit einer 52-stündigen Ballonfahrt, auf der er wissenschaftliche Instrumente erprobte, brach er damals alle Rekorde. Auf der Suche nach neuen Abenteuern wurde er Polarforscher und durchwanderte die Eiswüsten Grönlands. Seine Expedition hätte fast ein unglückliches Ende genommen, als seiner Mannschaft das Eis unter den Füßen brach. In Heißluftballons und auf Eisbergen erlebte Alfred viel Wetter, solches und solches. Deshalb wurde er schließlich Meteorologe – das ist der noble wissenschaftliche Name für einen Wetterforscher.

Und damals hatte er eine geniale Idee. Er stellte fest, dass die Erdteile sich unter unseren Füßen bewegen. Nicht besonders schnell, aber sie bewegen sich. Das war ganz offensichtlich.

Und als Wegener in den Atlas schaute, fiel ihm auf, dass man Südamerika und Afrika zusammensetzen kann.

Du brauchst dir nur die Landkarten beider Kontinente anzusehen, dann merkst du, dass ich Recht habe. Die Ostküste Südamerikas passt haargenau mit der Westküste Afrikas zusammen. Sie haben sich geteilt und auseinander geschoben.

Wegener nannte seine Theorie „Kontinentalverschiebung".

Der Mittelpunkt der Erde ist so heiß, dass dort das gesamte Gestein zu einer glühenden Flüssigkeit zerschmolzen ist. Manchmal bricht diese geschmolzene Masse durch die feste Erdkruste nach außen, und ein Vulkan entsteht.
Alle Erdteile lagern auf einem geschmolzenen Kern und treiben darauf herum. Mal brechen sie auseinander und bilden getrennte Erdteile, mal schieben sie sich zusammen und bilden einen neuen.
Geschwafel!
Blödsinn!
Quatsch!
Mist!

1930 machte sich Wegener auf zu einer weiteren Expedition nach Grönland. Er kehrte nie zurück. Wegener konnte daher den Tag nicht miterleben, an dem bewiesen wurde, dass seine Theorie stimmt. Inzwischen haben Geologen nämlich eindeutig nachgewiesen, dass die Erdteile sich tatsächlich seit Millionen von Jahren verschieben.

Teste selbst …
… warum Erdteile wie Pudding sind

Die Kontinentalverschiebung kann man sich schwer vorstellen, weil sie so langsam vor sich geht. Noch langsamer als die Evolution. Hier ist ein Experiment, das dir zeigt, wie's funktioniert – ohne dass du jahrelang auf das Ergebnis warten musst.

Du brauchst:
eine große Schüssel warmen, flüssigen Vanillepudding
zwei Stückchen Frischhaltefolie
drei verschiedene Sorten Chips (Paprika-, Käse-Zwiebel- und Pizza-Chips)
einen kleinen, schweren Gegenstand – z. B. einen Schlüssel

Jetzt musst du
1 die beiden Stückchen Frischhaltefolie auf den Pudding legen. Dann leg die Chips darauf, so wie das Bild es dir zeigt:

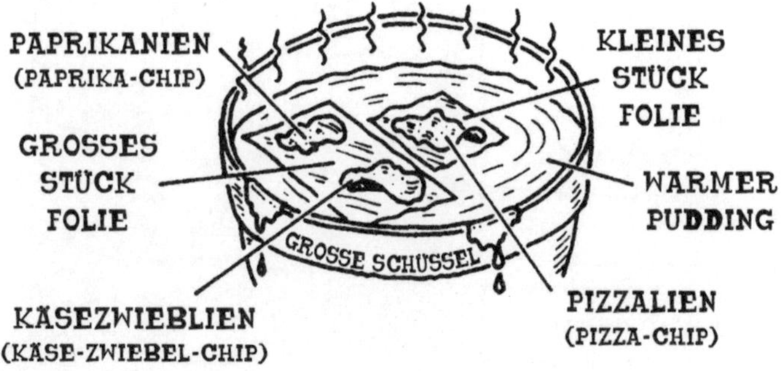

2 Du hast soeben den Planeten „Pudding-Welt“ geschaffen. Auf einem Meer aus Pudding schwimmen dort drei Kontinente, die auf Folienplatten liegen.

3 Such dir jetzt eine Stelle zwischen Paprikanien und Käsezwieblien aus. Dort legst du den Schlüssel auf die Folie. Er wird in den flüssigen Puddingkern hineinsinken.

Und jetzt:
* *Staune* wie Paprikanien und Käsezwieblien einander näher rücken! Ihre knusprigen Ränder stoßen zusammen, weil die herabsinkende Frischhaltefolie sie aufeinander zu zieht!
* *Halt die Luft an* vor Spannung, wenn du siehst, wie Käsezwieblien und Pizzalien auseinander rücken!
* *Zittere* vor Aufregung, während du zuschaust, wie der See aus flüssigem Pudding zwischen Käsezwieblien und Pizzalien in der kühlen Luft fest wird und am Rand der Folienkontinente neue, feste Haut entsteht!

Kontinentalverschiebung

Die Kontinentalverschiebung funktioniert auf der Erde und auf dem Planeten Pudding-Welt ganz ähnlich. Kontinente wie Afrika, Südamerika und Australien sind riesige Felsplatten, die auf dem flüssigen Kern der Erde schwimmen.

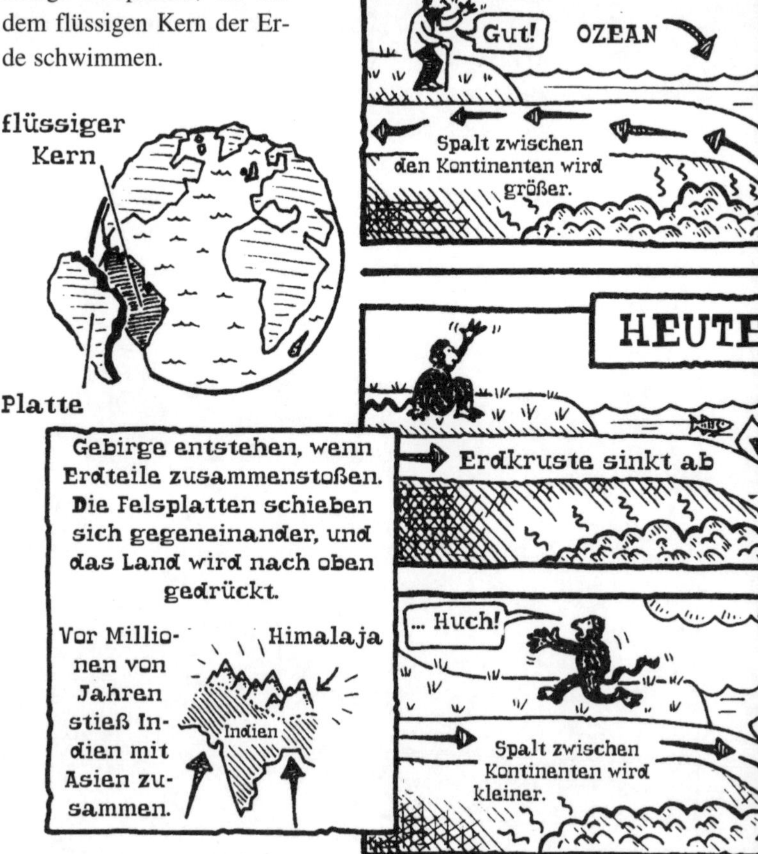

flüssiger Kern
Platte
HEUTE
Erdkruste hebt sich
Gut!
OZEAN
Spalt zwischen den Kontinenten wird größer.
HEUTE
Erdkruste sinkt ab
... Huch!
Spalt zwischen Kontinenten wird kleiner.
Gebirge entstehen, wenn Erdteile zusammenstoßen. Die Felsplatten schieben sich gegeneinander, und das Land wird nach oben gedrückt.
Vor Millionen von Jahren stieß Indien mit Asien zusammen.
Himalaja
Indien

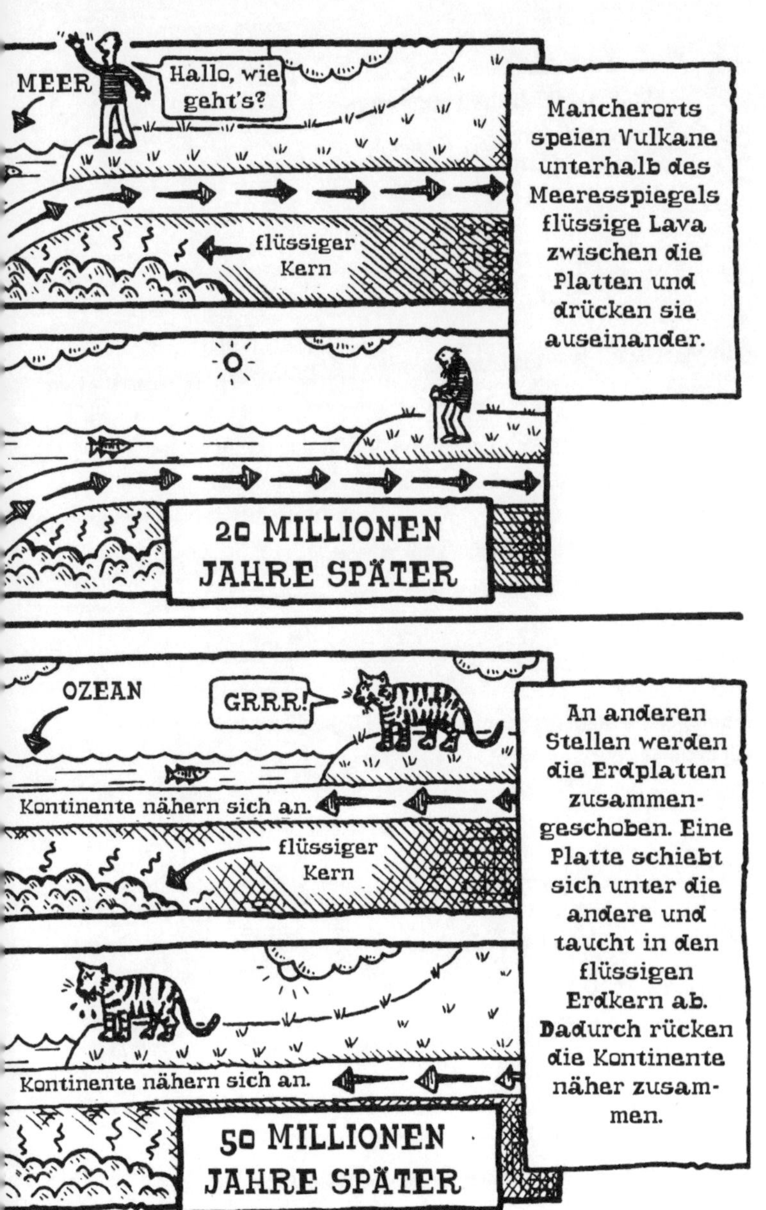
MEER
Hallo, wie geht's?
flüssiger Kern
Mancherorts speien Vulkane unterhalb des Meeresspiegels flüssige Lava zwischen die Platten und drücken sie auseinander.
20 MILLIONEN JAHRE SPÄTER
OZEAN
GRRR!
Kontinente nähern sich an.
flüssiger Kern
An anderen Stellen werden die Erdplatten zusammengeschoben. Eine Platte schiebt sich unter die andere und taucht in den flüssigen Erdkern ab. Dadurch rücken die Kontinente näher zusammen.
Kontinente nähern sich an.
50 MILLIONEN JAHRE SPÄTER

Teste deine Lehrer

Afrika und Südamerika driften noch immer weiter auseinander. Wie schnell bewegen sie sich?

a) 3 km pro Jahr
b) 30 km pro Jahr
c) 3 m pro Jahr
d) etwa 5 cm pro Jahr

Antwort: d) Afrika und Südamerika schieben sich ungefähr genauso schnell auseinander, wie deine Fingernägel wachsen.

Und was hat das alles mit der Entwicklung der Arten zu tun? Nun ja, wenn Erdteile auseinander brechen, sind Gruppen von Tieren derselben Art plötzlich voneinander getrennt auf verschiedenen Erdteilen. Und jede Gruppe fängt an, sich ein bisschen anders weiterzuentwickeln. Das erklärt auch …

- ... warum es in Afrika Elefanten, Giraffen und Löwen gibt, nicht aber in Südamerika. Und du findest auch keine südamerikanischen Lamas und Jaguare in Afrika. Diese Tiere haben sich dort, wo sie jetzt leben, entwickelt, *nachdem* die Kontinente sich auseinander geschoben hatten und durch den Südatlantik getrennt wurden.

- … warum man in uraltem Gestein in Südamerika, Australien und der Antarktis Fossilien *derselben* Pflanzen und Tiere findet. Diese drei Kontinente hingen einst zusammen. Inzwischen sind sie auseinander gebrochen und durch das Meer voneinander getrennt.

- … warum Forscher auf Berggipfeln Fossilien von Meerestieren fanden. Das Gestein, aus dem die Berge bestehen, hat sich unter dem Meeresspiegel gebildet. Meerestiere haben sich in dem Schlamm des Meeresbodens in Fossilien verwandelt. Dann stießen die Kontinente zusammen, und die Erdkruste wölbte sich nach oben wie ein zerknautschter Teppich. Der Meeresboden wurde in die Luft hoch geschoben und bildete Berge.

- … warum einige Fossilien, die man in Großbritannien gefunden hat, Überreste von Korallen sind, die in warmen, tropischen Gewässern lebten. Das liegt daran, dass Großbritannien vor Millionen von Jahren südlich des Äquators lag und seitdem allmählich immer weiter nordwärts trieb – in Richtung Nordpol. Heute gibt es keine lebenden Korallen an den britischen Küsten – das Wasser ist viel zu kalt. Aber die Fossilien sind eine Erinnerung an die tropischen Gewässer, die einst die Britischen Inseln umgaben.

So also entstehen Arten. Gruppen von Tieren werden voneinander getrennt und entwickeln sich zu neuen Arten.

Aber wenn neue Arten entstehen, sterben die alten oftmals aus. Und wir wüssten nicht, dass es sie je gegeben hat, wenn nicht einige Exemplare von ihnen zu Stein geworden wären …

FASZINIERENDE FOSSILIEN

Die Diskussion über die Evolution dauert bis heute an. Darwins Evolutionstheorie überzeugte – wie fast alle wissenschaftlichen Theorien – eine ganze Menge Leute. Aber zunächst war das auch schon alles: Sie war nichts weiter als eine geniale Idee. Jetzt mussten mehr Beweise her, genau wie für die Theorie der Kontinentalverschiebung! Und seit Darwins Tod haben Wissenschaftler auf der ganzen Welt nach Indizien gesucht, die diese verrückte Geschichte des Lebens auf der Erde belegen konnten.

Heute weiß man alles über Dinosaurier und andere ausgestorbene Tiere. Denn ihre Überreste sind als Fossilien im Erdreich erhalten geblieben. Du hast natürlich schon einiges über Dinosaurier gehört. Wahrscheinlich hast du sogar etwas über sie gelesen. Aber wusstest du auch, dass vor Millionen von Jahren noch alle möglichen anderen gruseligen Kreaturen über unseren Planeten krabbelten? Mithilfe von Fossilien versuchen die Wissenschaftler herauszufinden, wie es damals auf der Erde ausgesehen hat.

Fakten über Fossilien

1 Wenn vor Urzeiten Tiere gestorben waren, zum Beispiel Meerestiere, lagerten sich häufig Schlammschichten auf ihrem Körper ab. Die weichen Teile des Körpers verwesten meist schnell. Die harten Zähne, Klauen, Scheren und Knochen wurden dagegen häufig zu Stein. Es entstanden Fossilien.

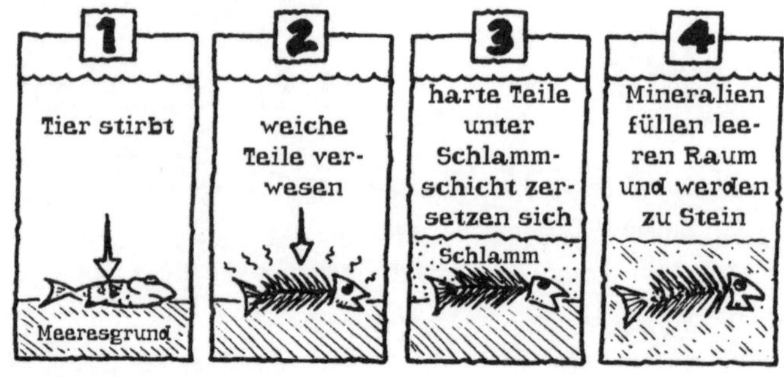

2 Das Wort Fossil stammt vom lateinischen *fossilis* ab. Das bedeutet „ausgegraben“.

3 Die ersten Menschen, die Fossilien fanden, hatten keine Ahnung, was sie da entdeckt hatten. – Sie vermuteten, dass diese merkwürdigen Kreaturen, die nichts auf der Welt ähnelten, nur von einem Ort stammen konnten – aus der Hölle! Man glaubte fest daran, dass Fossilien Teile von Drachen und Teufeln seien. Doch die Wissenschaft konnte beweisen, dass diese Teile mythischer Ungeheuer in Wirklichkeit zu versteinerten Tieren gehörten, die einst die Erde bevölkerten.

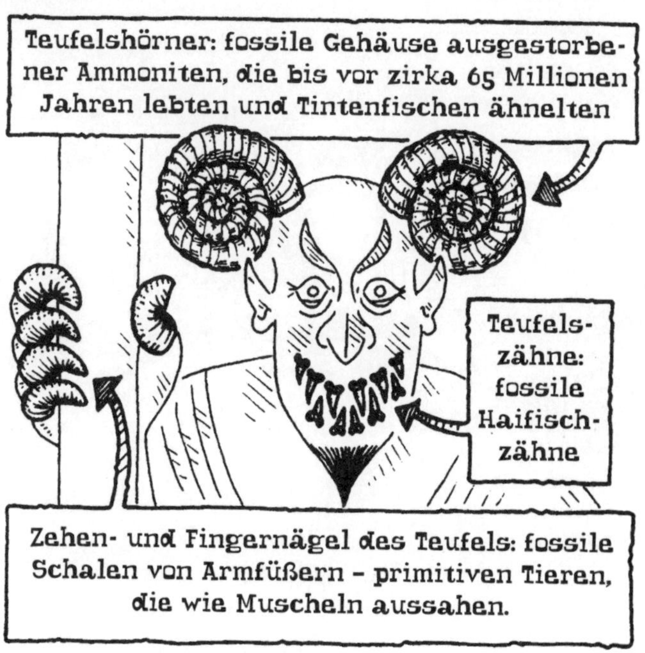
Teufelshörner: fossile Gehäuse ausgestorbener Ammoniten, die bis vor zirka 65 Millionen Jahren lebten und Tintenfischen ähnelten
Teufelszähne: fossile Haifischzähne
Zehen- und Fingernägel des Teufels: fossile Schalen von Armfüßern – primitiven Tieren, die wie Muscheln aussahen.

4 Belemniten sind geschossförmige Fossilien. Wie wir heute wissen, sind es die harten Teile ausgestorbener Tiere, die wie Tintenfische aussahen. Als sie zum ersten Mal entdeckt wurden, glaubte man, sie wären durch Blitze entstanden, die die Götter auf die Erde herabgeschleudert hatten.

5 Leute, die Fossilien untersuchen, heißen *Paläontologen.* Sie graben versteinerte Knochen urzeitlicher Tiere aus und versuchen, deren Skelette daraus zusammenzusetzen. Manchmal haben sie Glück und entdecken ein vollständiges Skelett, aber oft finden sie nur ein paar verstreute Knochen. Ein Skelett aus Fossilien zu rekonstruieren erinnert an ein Riesenpuzzle, und es ist eine echte Herausforderung, wenn die Puzzleteile bloß aus einem Sack Knochen bestehen. Mehrere Versuche waren nötig, um den *Tyrannosaurus rex* zusammenzusetzen, und einige Paläontologen streiten sich bis heute, ob sie es auch richtig gemacht haben.

Natürlich machen sie manchmal Fehler:

- Paläontologen gaben einmal Teilen von versteinerten Bäumen unterschiedliche wissenschaftliche Namen, weil sie nicht erkannt hatten, dass sie alle zu derselben Pflanze gehörten.
- Auch bei den versteinerten Tieren gab es solche Irrtümer. Als Forscher drei seltsame, 500 Millionen Jahre alte Fossilien fanden, gaben sie allen verschiedene Namen. Doch irgendwann stellten sie fest, dass die drei zusammengehörten. So wurde daraus der *Anomalocaris* – ein urzeitliches Raubtier, das auf dem Grund des Meeres lebte.

Räuberische Rekonstruktionen

Mit ein bisschen Übung können Paläontologen viele fossile Tiere sehr gut rekonstruieren. Einige dieser lang verlorenen Wesen haben sich als schaurige Raubtiere erwiesen …

NAME: **EURYPTERUS**, der Riesenmeeresskorpion

GRÖSSE: etwa so lang wie ein Alligator

LEBTE: vor 435 Millionen Jahren

ÜBELSTE EIGENSCHAFT: Bösartig. Im Meer zu baden, wenn der Eurypterus in Sicht war, muss grässlich gefährlich gewesen sein.

NAME: **DIATRYMA**, der Teufelsvogel

GRÖSSE: über zwei Meter großer, flugunfähiger Vogel, der die grasbewachsenen Ebenen Europas und Nordamerikas durchstreifte

LEBTE: vor 40 Millionen Jahren

ÜBELSTE EIGENSCHAFT: Fraß wahrscheinlich Pferde. Er hatte einen Schnabel mit scharfem Rand, so wie ein riesiger Dosenöffner. Mit diesem Schnabel konnte er seine Feinde mitten durchschneiden!

NAME: **SMILODON**, der Säbelzahntiger

GRÖSSE: etwas größer als die heutigen Tiger

LEBTE: vor 16 000 Jahren

ÜBELSTE EIGENSCHAFT:

Schlich in Wäldern herum und erlegte alles, was ihm zu nahe kam. Wer dem Smilodon über den Weg lief, hatte nichts zu lachen. Sein grausiges Grinsen zeigte zwei riesige Eckzähne, die so lang wie Säbel und genauso gefährlich waren.

Steinerner Stuhlgang

Für einen Wissenschaftler, der sich mit der Evolution beschäftigt, gibt es nichts Faszinierenderes als einen Klumpen fossiler Fäkalien. Fäkalien ist übrigens ein vornehmerer Ausdruck für einen Schiethaufen.

Glücklicherweise können nur die wenigsten Tiere die ganze Nahrung, die sie fressen, auch verdauen. In den Haufen, die sie hinterlassen, bleiben deshalb interessante Futterfragmente zurück. Wenn die Fäkalien sich in der richtigen Umgebung befinden – zum Beispiel in einem Sumpf, wo es keinen Sauerstoff für die Bakterien gibt, die sie normalerweise zersetzen – dann wird der Kot konserviert. Er versteinert.

So mancher Haufen dampfender Dinosaurierkacke, der sich in harten Stein verwandelt hat, war voll von interessanten Pflanzenteilen. Millionen von Jahren nach der letzten Mahlzeit eines längst ausgestorbenen Tieres können die Wissenschaftler den steinernen Stuhlgang untersuchen und herausfinden, wen oder was es gefressen hat.

Man nennt diese fossilen Fäkalienhaufen *Koprolithen*. Einige davon sind unvorstellbar alt. Eine Entdeckung stammt zum Beispiel aus dem Silur, einer Zeitperiode, die über 400 Millionen Jahre zurückliegt. Dieser Fund hat etwa die Größe eines Mäuseköttels, und sein Erzeuger war wahrscheinlich so etwas wie ein großer Tausendfüßer – eines der ersten Tiere, die aus dem Wasser krabbelten, um an Land zu leben.

Was Wissenschaftler mit Dinosauriermist machen

(Eine Anleitung in vier Schritten)

1 Zuerst einmal finden sie einen Koprolithen. Um Tausendfüßermist zu finden, brauchen sie zwei äußerst wache Augen – also ein Job für Experten. Aber die riesigen Dinosaurieräpfel sind kaum zu verfehlen. Man entdeckt sie schon mal zufällig neben einer Ansammlung von Dinosaurierknochen.

2 Nun lassen sie den Mist in Fluorwasserstoffsäure schmoren – einem Teufelszeug. Diese Säure zerfrisst alles – Stein, Metall, sogar den Sonntagsbraten von Tante Hilde. Alles bis auf die harte äußere Haut von Pflanzen, die Kutikula.

3 Der übrig gebliebene Matsch aus Pflanzenteilen wird dann genau untersucht.

4 Zum Schluss legen die Wissenschaftler ihren Fund unters Mikroskop und schauen sich die Reste des letzten Dinosauriermahls ganz genau an. Als sie das mit dem 400 Millionen Jahre alten Tausendfüßerköttel taten, entdeckten sie Folgendes:

- Prähistorische Pflanzen sahen völlig anders aus als die von heute; die Stücke ihrer Blätter passen zu keiner Pflanze aus unserer Zeit.
- Diese uralten Pflanzen gingen nicht aus großen Samen, sondern aus winzigen, staubartigen Sporen hervor.

Schon gewusst ...?

Während seiner Weltreise sammelte Charles Darwin massenhaft Fossilien von Pflanzen und Tieren. Seine spektakulärste Entdeckung waren versteinerte Skelette von südamerikanischen Riesenfaultieren. Dieses Faultier, das Megatherium, *hatte Ähnlichkeit mit einem übergroßen Bären. Wenn das* Megatherium *nicht ausgestorben wäre, dann könnte es heute durch die Schlafzimmerfenster in den oberen Stockwerken von Einfamilienhäusern linsen. Dazu bräuchte es sich nur auf die Hinterbeine zu stellen. Doch das wäre kein Grund zur Sorge – es war ein reiner Pflanzenfresser.*

Darwin war sicher, dass die Faultiere, die heute im südamerikanischen Urwald leben und nur 85 cm groß werden, mit den ausgestorbenen Monstern der Vergangenheit verwandt sind.

Der Baum hat nicht gerade viele Blätter!
Faultier von heute

Dino-Eier aus Freilandhaltung

Wenn Paläontologen einen wirklich großartigen Fund machen, dann bringen sie ihn schon mal in ein Krankenhaus und borgen sich einen Computertomographen, um nachzusehen, wie er von innen aussieht. Ein Computertomograph ist ein Gerät, mit dem Ärzte eigentlich herausfinden, wie es in ihren *Patienten* aussieht. Paläontologen schauen damit in einen Steinklumpen hinein, der vielleicht ein bedeutendes Fossil enthält.

Paläontologen sind ständig damit beschäftigt, die erstaunlichsten Versteinerungen auszugraben. In manchen Teilen der Welt haben sie zum Beispiel schon viele Dinosauriereier gefunden. Rein damit in einen Computertomographen, und mit Glück kann man die Knochen eines Dinosaurierbabys darin erkennen.

1995 wurde ein versteinerter Dinosaurier namens *Oviraptor* gefunden, der tatsächlich noch auf seinem Nest saß. Man entdeckte ihn in der Wüste Gobi in der Mongolei. Zuvor hatte man geglaubt, der *Oviraptor* sei ein Räuber gewesen, der anderen Dinosauriern die Eier stahl und sie auffraß. Denn Überreste des *Oviraptor* waren häufig nahe der Nistplätze anderer Dinosaurier gefunden worden. Doch dann hatte man dieses unglückliche Exemplar gefunden, das auf seinem eigenen Nest gesessen und seine Eier beschützt haben muss, als ein Sandsturm kam und es begrub.

Dinosauriern wird nachgesagt, dass sie furchtbar wild waren. Aber es sieht so aus, als ob diese Oviraptor-Dame so etwas wie eine Heldin war, die sich lebendig begraben ließ bei dem Versuch, ihren Babys das Leben zu retten.

Hast du das Zeug zum Paläontologen?

Du brauchst:

einen Hammer

eine Schutzbrille

jede Menge Geduld!

Wo du suchst:

Wenn du Paläontologin oder Paläontologe werden willst, solltest du lernen zu erkennen, welche Steine Fossilien enthalten. Das geht so:

SEDIMENTGESTEIN

ENTSTEHUNG: Sand-, Schlamm- oder Skelettpartikel winziger Meeresbewohner bedecken tote Pflanzen und Tiere und lassen alles allmählich zu Stein werden.

FOSSILIENFUNDE: voller Fossilien

TYPISCHER GESTEINSTYP:
Sandstein, Kalkstein, Kreide

METAMORPHE GESTEINE

ENTSTEHUNG: aus magmatischem oder Sedimentgestein, das durch Vulkantätigkeit extrem erhitzt und in unterschiedliche Gesteinsarten umgewandelt wird

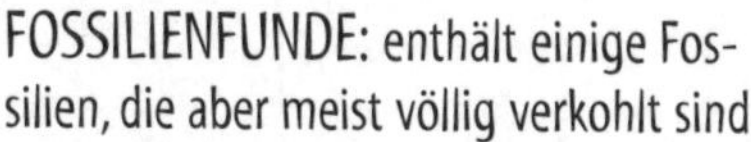

FOSSILIENFUNDE: enthält einige Fossilien, die aber meist völlig verkohlt sind

TYPISCHE GESTEINSTYPEN: Marmor. Er entsteht, wenn Kalkstein unter hohem Druck erhitzt wird.

Die besten Chancen auf Fossilienfunde hast du also, wenn du in Sedimentgestein suchst. Arbeite dich durch Gesteinsschichten hindurch, die in Millionen von Jahren entstanden sind, und es kann gut sein, dass du Pflanzen und Tiere aus ferner Vergangenheit darin eingeschlossen findest. Das ist ein bisschen wie eine Zeitreise, aber diese kann tödlich öde sein. Denn es dauert womöglich Stunden, Tage, Monate oder sogar Jahre, bis du etwas Interessantes gefunden hast. Aber wenn du dann wirklich Glück hast, stößt du vielleicht auf eine Fossilienbank …

Fossilienbänke sind entstanden, wo viele tote Tiere und Pflanzen durch Strömungen in urzeitlichen Flüssen und Seen auf einen Haufen getrieben wurden. Sie verwandelten sich in einen Haufen Fossilien, die alle zusammen in einem riesigen Felsklumpen liegen. Es *könnte* also passieren, dass du hunderte von Fossilien auf einmal findest.

Und jetzt?
Wenn du tatsächlich ein Fossil findest, musst du es ganz vorsichtig mit deinem Hammer freiklopfen.

Wenn dir dieses endlose Gehämmer zu langweilig wird, kannst du ja stattdessen Fossilien fälschen.

Fossilienfälschungen

Hier sind ein paar idiotensichere Tipps und Tricks, mit denen z. B. Papas Pantoffeln zu Fossilien werden. Such dir eine passende Methode aus – je nachdem, wie lang deine Geduld reicht.

Die schnellsten Ergebnisse erreichst du so:

- Steck sie in die Tiefkühltruhe! Diese Methode hat mit den Mammuts in Sibirien schon funktioniert. Seit der letzten Eiszeit haben sie tiefgefroren tausende von Jahren perfekt überstanden. Manche sind so gut erhalten, dass ein japanischer Wissenschaftler glaubt, aus ihren eisgekühlten Zellen kleine Mammutbabys produzieren zu können. Zur Zeit sucht er nach einem Mammut, das dafür geeignet ist.

Wenn du's nicht so eilig hast, dann mach es so:

- Häng Papas Pantoffeln in einer Tropfsteinhöhle auf – dort, wo Wasser von der Decke tropft. Das Wasser enthält aufgelösten Kalk, der die Pantoffeln durchdringt und sie hart wie Beton werden lässt. Komm ein paar Jahre später wieder, und du kannst deinem Papi seine fossile Fußbekleidung zum Geburtstag schenken.

Die schönsten Ergebnisse erhältst du so:

- Gieß die Pantoffeln in Bernsteinharz ein, die klebrige goldene Flüssigkeit, die aus Kiefern austritt. Wenn das Harz trocknet, verwandelt es sich in durchsichtigen gelben Stein. Aber erwarte keine raschen Resultate – das Bernsteinharz muss erst versteinern, und das kann tausende von Jahren dauern. Mit fossilen Insekten hat die Methode ausgezeichnet funktioniert. Für das gleiche Ergebnis aus Pantoffeln brauchst du allerdings eine ganze Menge Harz.

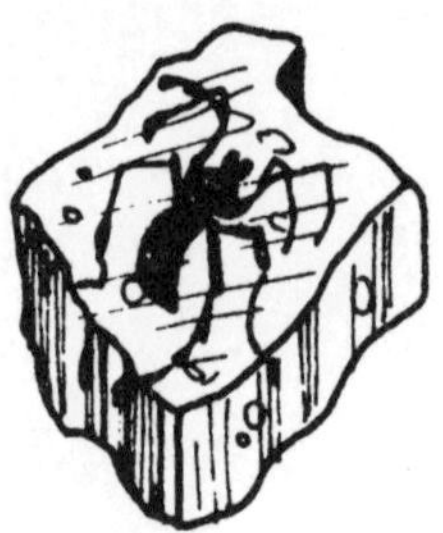

VERSTEINERTE SPINNE IN BERNSTEIN, JURAZEIT, NEUMEXIKO

BENNO TOBAKS PANTOFFELN, NACHKRIEGSZEIT, ISERLOHN

Eine noch wahnwitzigere Variante ist die folgende:

- Tunk die Pantoffeln in eine Teergrube. In Rancho La Brea bei Los Angeles in Kalifornien findest du zum Beispiel eine. Dort steigen klebrige Teerblasen aus der Erde auf. In Gruben wie dieser hat man perfekt erhaltene versteinerte Tiere gefunden, die vor Jahrtausenden dort hineingefallen waren. Wenn das mit Säbelzahntigern funktionierte, dann klappt das auch mit Papas Pantoffeln.

VOR 10 000 JAHREN

LETZTEN DIENSTAG

Wenn es wirklich was Besonderes sein soll:

- Such dir einen aktiven Vulkan, und leg die Pantoffeln an seinem Fuß ab. Wenn sie dann von einem Berg Vulkanasche bedeckt sind, werden sie zu Stein. Als in Italien 79 n. Chr. der Vesuv ausbrach, begrub er die Stadt Pompeji unter seiner Asche. Archäologen gruben die Stadt wieder aus und entdeckten die Körper (und die Pantoffeln) von hunderten von Menschen, die dort unter der Asche versteinert waren.

Er hatte ihm gerade die Pantoffeln geholt, da brach der Vulkan aus.

Und schließlich die Methode, die bei Meerestieren immer prima funktioniert hat:

- Schmeiß die Pantoffeln ins Meer. Sie sinken auf den Grund und werden allmählich von Sand und Schlick bedeckt. In ein paar Millionen Jahren werden sie versteinert sein – und dann müssen die armen Paläontologen der Zukunft Tage, Monate, vielleicht Jahre damit verbringen, sie wieder freizuhämmern.

Beeilung - Paps kriegt kalte Füße.

Schon gewusst ...?

Es ist komisch, aber einige Leute sind so vernarrt in Fossilien, dass sie sie sammeln. Für ganz extravagante Exemplare zahlen sie enorme Preise. Das teuerste Fossil der Welt wurde für 7,6 Millionen Dollar verkauft. Ein amerikanisches Museum zahlte 1997 diese ungeheure Summe für den am besten erhaltenen Tyrannosaurus rex, *der je gefunden wurde.*

Weil so viel Geld im Spiel ist, ist es kein Wunder, dass manche Leute alles tun würden, um die besten Fossilien in die Finger zu bekommen. 1996 stahlen australische Diebe die einzigen Fußspuren des Stegosaurus. *Sie schnitten sie aus hartem Fels heraus. Manche Menschen werden auch zu professionellen Fossilienfälschern, weil sie damit eine Menge Geld machen können – besonders wenn sie durch Zufall ein Paar Stegosauruspantoffeln zu verkaufen haben. Also lass für alle Fälle zwei Paar zu Fossilien werden – der Stegosaurus hatte nämlich vorn und hinten zwei Beine.*

Lebende Fossilien

Es gibt Fossilien, die nicht tot sind. (Das wusstest du schon, oder? Du brauchst dir ja nur ein paar deiner Lehrer anzuschauen.)

Einige Pflanzen und Tiere, die wir heute kennen, sehen genauso aus wie ihre uralten Vorfahren, die vor Millionen von Jahren zu Stein geworden sind. Paläontologen nennen sie „lebende Fossilien".

Solche Lebewesen sind sensationelle Entdeckungen, denn sie haben es irgendwie geschafft, Naturkatastrophen zu überleben, die den Nachbartieren und -pflanzen den Garaus machten.

Die meisten Fossilien zeigen uns, wie die harten Teile eines Tieres – zum Beispiel die Schalen, Knochen und Zähne – ausgesehen haben. All die weichen Teile wie Blut und Eingeweide, Haut und Fell sind verrottet, ohne zu versteinern. Bei lebenden Fossilien aber können wir sehen, wie diese fehlenden Teile ausgesehen haben. Und uns auch dadurch besser vorstellen, wie andere fossile Lebewesen mitsamt ihren Gedärmen, Muskeln, dem Gehirn und den anderen durchbluteten Teilen aussahen.

EKLIG!
IGITT!
Schlimmer als deine Schwester!
UUH!
Das ist ein Quastenflosser. Der letzte, den ich gesehen habe, war schon seit ein paar Millionen Jahren tot. Es war ein Fossil in einem Steinbrocken.
Der hier sieht aber auch nicht mehr ganz fit aus.

Schon gewusst ...?

Am 23. Dezember 1938 holten Fischer an der südafrikanischen Küste ihre Netze ein und entdeckten darin die hässlichste Kreatur, die sie je gesehen hatten.

Sie brachten sie an Land, und die Wissenschaftler erkannten bald, worum es sich handelte …

Der Fisch namens Quastenflosser beherrschte in der ganzen Welt die Schlagzeilen.

Cape Town Chronicle

23. Dezember 1938

Fantastischer Fund!

Fossil

lebendes Exemplar

Begeisterte Wissenschaftler bezeichnen den Quastenflosser als Jahrhundertentdeckung eines lebenden Fossils.

„Er hat sich über 400 Millionen Jahre hinweg kein bisschen verändert“, sagte ein erfreuter Experte. „Er hat fantastische Flossen, die von Knochen gestützt werden. Vor mehr als 400 Millionen Jahren entwickelten sich Flossen wie diese zu Beinen, und die Tiere konnten sich danach an Land herumtreiben. Dieser seltsame Fisch ist ein Wesen aus einer anderen Zeit. Aus irgendeinem Grund ist er tief im Ozean geblieben, während all seine Verwandten an Land gingen.“

Dr. F. L. Quaste
Fisch-Experte

Fischstäbchen?

Ein paar Quastenflosser schwimmen bis heute im Indischen Ozean herum, viele sind nicht übrig geblieben. Sie sind zwar hässlich, aber leider schmecken sie dafür umso besser. Hoffen wir, dass die letzten Quastenflosser tief unten im Meer bleiben, wo sie hingehören – und nicht in Fischernetzen und in deinen Fischstäbchen landen.

Dinosaurierfürze: Fakten, die deine Lehrer zu peinlich finden, um sie zu erwähnen.

Wenn du glaubst, dass das Gemüse, das du bei Tante Hilde bekommst, fies ist, dann denk an die Dinosaurier, die schließlich Vegetarier waren!

1 Sie fraßen Pflanzen namens Cycadeen, die heute noch als lebende Fossilien existieren.

2 Cycadeen sind Palmfarne, deren Blätter so hart und schwer verdaulich sind, dass Dinosaurier Kieselsteine schlucken mussten, die die ledrigen Blätter in ihren Mägen zermahlen sollten.

3 Diese Steine nennt man Gastrolithen. Man hat sie häufig bei versteinerten Dinosaurierskeletten an der Stelle gefunden, wo einmal der Magen war. Der war allerdings verrottet.

4 Wissenschaftler vermuten, dass die schwer verdauliche Nahrung der Dinosaurier der Grund war, weshalb sie so groß werden mussten. Ihre Körper müssen unglaublich lange Gedärme enthalten haben, damit die faserigen Farne darin langsam weich wurden.

5 Eines ist sicher – beim Verdauen der Cycadeen-Blätter entstand eine Menge Gas. Dinosaurier müssten also regelrechte Donnerfürze von sich gegeben haben.

Einfach unglaublich

Es werden immer noch lebende Fossilien entdeckt. Einer der letzten Funde war die *Wollemia nobilis*, eine Verwandte der Chilefichte. Die ersten Exemplare dieses seltsamen Nadelbaums wurden 1994 in einem verborgenen Tal im australischen Wollemi-Nationalpark entdeckt. Nach diesem Ort wurde der Baum benannt.

Wahrscheinlich gibt es noch einen ganzen Haufen lebender Fossilien, die nur darauf warten, entdeckt zu werden. Wer weiß, was für merkwürdige Überraschungen in den dunklen, entlegenen Ecken unseres Planeten versteckt sind?

Doch Arten existieren nicht ewig. Irgendwann verschwinden sie alle und werden durch neue ersetzt. Wahrscheinlich ist dir schon aufgefallen, dass in dem Naturschutzgebiet in deiner Nähe keine Dinosaurier herumstreunen. Alles, was von ihnen übrig ist, sind ihre versteinerten Knochen. Aber wie kam es nun zu ihrem schrecklichen Ende?

Wie üblich haben die Wissenschaftler gleich eine ganze Menge Erklärungen dafür gefunden. Heute glauben sie, es sicher zu wissen – dank bester Detektivarbeit.

DINOS DEBAKEL

Das Verschwinden der Dinosaurier ist eins der größten Rätsel der Evolution. Hunderte von Dino-Arten starben aus – alle auf einmal. Wir wissen das, weil Geologen ihre Fossilien in Steinschichten gefunden haben, die vor über 65 Millionen Jahren entstanden sind. Dagegen ist in Funden aus späterer Zeit kein einziger Dinosaurierknochen mehr aufgetaucht.

Zu ihren Lebzeiten konnten sich die Dinosaurier auf unserem Planeten bestens behaupten. Über 150 Millionen Jahre lang beherrschten sie fast jeden Lebensraum. Die größten Fleisch fressenden Dinosaurier wie der *Tyrannosaurus rex* hatten keine Feinde. Warum also starben die wildesten, gefährlichsten und erfolgreichsten Tiere der Erde vor 65 Millionen Jahren plötzlich aus?

Teste deine Lehrer

Wie kam es zum Aussterben der Dinosaurier?

1 Ultrastarke Orkane (so genannte Ultrakane) wirbelten riesige Staubwolken auf, die die Sonne verdeckten und der Erde einen Winter bescherten, der Jahrzehnte dauerte. So erfroren die Dinosaurier.

2 Schauer aus tödlichen Teilchen, so genannten Neutrinos, fielen auf die Erde herab. Sie waren durch die Explosion eines Sterns entstanden, eine Supernova. Die Neutrinos lösten bei den Dinosauriern Krebskrankheiten aus, die zu ihrem Aussterben führten.

3 Ursache war ein eigenwilliger Meteorit, der durch das Sonnensystem flog und mit der Erde zusammenstieß. So kam es zu riesigen Flutwellen, zu Erdbeben und Feuersbrünsten. Die Atmosphäre war voller Staub und Rauch.

Dadurch wurde die Sonne verdeckt, und die Dinosaurier starben vor Kälte.

4 In Indien brachen Vulkane aus, welche die Atmosphäre höllisch aufheizten. Die Dinos waren völlig überhitzt und konnten keine fruchtbaren Eier mehr legen. So starben sie aus.

Die Evolution zu verstehen wäre so einfach – wenn wir bloß eine Zeitreise in die Vergangenheit machen könnten, um mit anzusehen, was damals geschah. Stell dir mal vor, du und dein Biolehrer, ihr wärt Zeitreisende. Lasst euch an den schicksalsschweren Tag zurückversetzen, an dem sich das Los der Dinosaurier entschied …

Ihr befindet euch in Nordamerika. Überall wimmelt es von Dinosauriern. Es ist ein Sommermorgen. Die Sonne geht gerade auf, und ihr steht am Rand eines Cycadeen-Waldes. Die Zeit: 65 Millionen Jahre v. Chr.

Die Nacht war kalt, und die meisten Dinosaurier hängen noch fröstelnd und träge herum. Sie gähnen, schnarchen und lassen ab und zu einen ohrenbetäubenden Furz hören. Bis jetzt seid ihr nicht in Gefahr, denn sie werden sich kaum vom Fleck rühren, bevor die Sonne sie aufgewärmt hat.

Aber passt auf, wo ihr hintretet! Alles ist übersät mit Dino-Mist. 65 Millionen Jahre später wird er sich in steinerne Koprolithen verwandelt haben, aber im Moment ist er weich und matschig und stinkt ganz fürchterlich.

An diesem Morgen sind die Dinosaurier ungewöhnlich früh auf Achse. Weit im Osten erscheint ein blassgelber Schimmer. In wenigen Minuten wird dort die Sonne aufgehen, aber alle Augen, die schon geöffnet sind, schauen nach Süden. Dort zeigt sich ein Glühen am Himmel, das von Tag zu Tag heller wird. Monate zuvor war es nicht mehr als ein leuchtender Fleck. Doch inzwischen ist dieser Fleck so groß wie der Mond.

Heute ist er hell wie die Sonne, die jeden Moment am Horizont erscheinen wird. Mit einer Geschwindigkeit von neun Kilometern pro Sekunde rast er wie ein Blitz auf die Erdoberfläche zu. Millionen von Jahren hat er sich durch das Sonnensystem bewegt, bis die Schwerkraft ihn schließlich auf unsere Erde lenkte.

Hunderte von Kilometern südlich von euch scheint eine Bombe einzuschlagen: Der riesige Meteorit ist auf die Erde geprallt. Zunächst scheint es, als wäre nichts passiert. Alles ist ruhig und still. Die Sonne wirft ihre Strahlen auf die hartblättrigen Cycadeen, die den Dinosauriern Zuflucht bieten.

Doch einige Minuten später kommt der Schall der weit entfernten Explosion als ohrenbetäubender Donner bei euch an. Die Dinosaurier schrecken hoch und trampeln in wilder Panik durch die Gegend. Achtung! Sucht hinter einem Felsen Schutz. Sie machen alles platt, was ihnen in die Quere kommt.

Die Erde zittert und schwankt. Erdbeben reißen den Boden auf und lassen gähnende Schluchten entstehen, die groß genug sind, um auch den größten Dinosaurier zu verschlucken. Szenen des Schreckens und der totalen Zerstörung spielen sich auf dem gesamten Erdball ab. Rund um den Meteoritenkrater sind tausende von Quadratkilometern absolut ohne Leben. Von heulenden Stürmen angefacht, fegen Feuersbrünste über Wälder und trockenes Grasland hinweg.

Auf dem Meer erhebt sich eine gewaltige, mehr als einen Kilometer hohe Flutwelle. Sie geht von dem Krater aus, den der Meteorit hinterließ. Die Flutwelle verschlingt Inseln und spült alles Leben fort. Dann rollt sie über die Küsten der Kontinente hinweg und ertränkt alles, was ihr in den Weg kommt.

Aber das Entsetzlichste ist eine riesige, pilzförmige Wolke aus Rauch und Staub, die sich immer weiter ausdehnt. Schon ist sie auf dem besten Weg, in die Stratosphäre aufzusteigen. Bis zum Mittag wird sie die Sonne verdeckt haben und die Welt für Jahre in ein Dämmerlicht tauchen. Pflanzen werden verkümmern und absterben – eine schlechte Nachricht für einen riesigen, ausgehungerten, Pflanzen fressenden Dinosaurier.

Du aber kannst erleichtert aufatmen, denn du darfst jetzt auf deiner Zeitreise einen Sprung nach vorn machen und ins 21. Jahrhundert zurückkehren. Denkst du auch daran, deinen Lehrer mitzunehmen? Klar, die Versuchung ist groß, aber …

3 ist also die Antwort, die die meisten Wissenschaftler bevorzugen: der Zusammenprall mit einem Meteoriten. Aber wie sind sie darauf gekommen? Der Forscher, der diese Antwort fand, gehörte zu den …

TOP-STARS der Forschung: Luis Walter Alvarez

(1911–1988) Nationalität: amerikanisch.

Luis Walter Alvarez war ein aufgewecktes Kerlchen. Er war Physikprofessor und beschäftigte sich mit kosmischen Strahlen. Während des Zweiten Weltkriegs erfand er eine Art Radar, mit dessen Hilfe Flugzeuge landen konnten, auch wenn die Piloten wegen einer Nebeldecke den Boden nicht sahen. Danach verbrachte er seine Tage damit herauszufinden, woraus Atome bestehen – und erhielt für seine Entdeckungen einen Nobelpreis. In seiner Freizeit erforschte er mithilfe von Röntgenstrahlen das Innere einer ägyptischen Pyramide. Und außerdem fand er noch Zeit dafür herauszufinden, was mit den Dinosauriern passiert war.

Alvarez und sein Sohn Walter glaubten, dass vor 65 Millionen Jahren ein riesiger Meteorit mit der Erde zusammenstieß. Der gewaltige Aufprall des Meteoriten verursachte eine riesige Flutwelle, die über die Meeresinseln hinwegrollte und die Küsten des Festlands überflutete. Er füllte die Atmosphäre mit Staub und erstickenden Gasen, die sich über den ganzen Planeten verteilten, die Sonne verdeckten und der Erde einen Winter bescherten, der Jahre dauerte.

Ein mehrjähriger Winter wäre für die Dinosaurier ziemlich ungünstig gewesen. Wir Säugetiere erzeugen und speichern in unserem Körper Wärme, die bei der Verbrennung von Nährstoffen entsteht. Unsere Körpertemperatur bleibt sogar an den kältesten Tagen stabil. Die kaltblütigen Dinosaurier dagegen brauchten die Wärme der Sonnenstrahlen, um ihre Körpertemperatur anzuheizen. Wahrscheinlich saßen sie deshalb den größten Teil des Tages herum und ließen sich von der Sonne bescheinen.

Als der lange Winter kam, bekamen die kaltblütigen Dinosaurier das große Zittern und starben aus. Der Meteorit wischte drei Viertel allen Lebens auf der Erde einfach aus. Das Zeitalter der Dinosaurier war zu Ende. Die Herrschaft der warmblütigen Säugetiere, die die Katastrophe überlebt hatten, stand unmittelbar bevor.
Aber kann es wirklich so passiert sein?

Einfach unglaublich:
Hinweise für eine katastrophale Kollision

- Alle naselang stoßen Meteoriten mit Planeten zusammen. 1908 explodierte der gefrorene Kern eines Kometen acht Kilometer oberhalb der Tunguska in Sibirien. 2000 Quadratkilometer Wald wurden dem Erdboden gleich gemacht, und noch 100 Kilometer von der Einschlagstelle entfernt hatten die Menschen versengte Kleider.

* DAS LEBEN AN DER TUNGUSKA IST TOTAL ÖDE – NIE PASSIERT IRGENDWAS!

- Das Sonnensystem erinnert an Billard in 3-D: Die kleineren Festkörper, die dort herumschwirren, stoßen früher oder später zwangsläufig mit etwas Großem zusammen. Der Mond zum Beispiel ist übersät mit Meteoritenkratern. Man kann sie alle sehen, weil es dort oben weder Wind noch Wasser gibt, die sie abtragen könnten.
- Nahe der mexikanischen Halbinsel Yucatan haben Geologen im Meer einen Riesenkrater gefunden, der vor 65 Millionen Jahren durch den Aufprall eines Meteoriten entstanden ist. Ob das der dicke Meteorit war, der den Dinosauriern den unabwendbaren Untergang bescherte?

- Ein Meteorit, der ein so großes Loch wie dieses hinterließe, hätte eine Zerstörungskraft, die 10 000-mal so groß wäre wie die aller Atombomben, die je gebaut wurden.
- Meteoriten enthalten ein seltenes chemisches Element namens Iridium. Auf der ganzen Welt findet man eine 65 Millionen Jahre alte Gesteinsschicht, die Iridium enthält. Die Iridiumpartikel müssen aus der Staubwolke stammen, die nach dem Aufprall des Meteoriten aufstieg.

Schon gewusst ...?
Man spricht viel vom Massensterben der Dinosaurier vor 65 Millionen Jahren. Aber das war nicht das einzige Mal, dass alles Leben auf der Erde beinahe ausgelöscht wurde. Vor 245 Millionen Jahren starben fast 96 Prozent aller Arten aus! Das war auch der Untergang der traurigen Trilobiten und missmutigen Meeresskorpione. Keiner weiß genau, wie es dazu kam. Viele Wissenschaftler glauben, dass die Erde sich erwärmte, sodass manche Gewässer austrockneten und die Tiere, die in ihnen lebten, sterben mussten. Viele dieser Wasserlebewesen hatten sich aus Larven entwickelt, die im Plankton an der Wasseroberfläche herumschwammen. Vielleicht wurden sie durch chemische Veränderungen im Wasser vergiftet. Wir werden es nie genau erfahren.

Sogar noch früher machte ein weiteres mysteriöses Massensterben folgenden komischen Kreaturen den Garaus:

AUSSEHEN: Forscher, die die Fossilien der Hallucigenia untersuchten, hatten zunächst große Probleme zu bestimmen, wo bei ihr oben und unten ist.

Inzwischen sind sie aber relativ sicher, dass die Hallucigenia sieben Paar Beine hatte, eine Reihe Dornen auf dem Rücken und einen Rüssel an einem Ende.

AUSGESTORBEN: vor mehr als 500 Millionen Jahren

NAME: **OPABINIA**

AUSSEHEN: wie ein schwimmender Staubsauger mit fünf Augen und einem Rüssel samt Beißzange an einem Ende. Die Opabinia war eine Räuberin, die vermutlich über den Meeresgrund schwamm und sich mit dem biegsamen Rüssel alles schnappte, was ihr in die Quere kam.

AUSGESTORBEN: vor über 500 Millionen Jahren

Zum Glück ist die Evolution sehr gut darin, immer etwas Neues zu erfinden, womit sie die Lebewesen an die harten Bedingungen in einer sich ändernden Welt anpasst. Bei jedem katastrophalen Massensterben in der Geschichte sind einige Lebewesen immer durchgekommen. Und manchmal scheint es, als ob die Evolution – wenn man ihr nur genügend Zeit gibt – so gut wie alles erfinden kann …

Die Evolution kann ganz ohne unsere Hilfe neue Tierarten hervorbringen. Aber große Dinge entwickeln sich nicht über Nacht. Jeder kleine Schritt kann Millionen von Jahren in Anspruch nehmen. Wenn man ihr nur genügend Zeit lässt, kann die Evolution mit den erstaunlichsten Erfindungen aufwarten. Zum Beispiel mit Augen … Alles begann mit einer einfachen Chemikalie, die lichtempfindlich war.

Das war eine nützliche Sache, denn wer sie besaß, merkte dadurch,

• ob er draußen im Freien war, wo er von Feinden gefressen werden konnte,

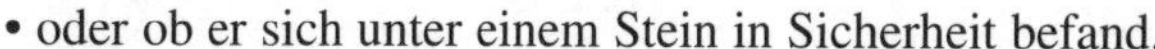

• oder ob er sich unter einem Stein in Sicherheit befand.

Als Nächstes konzentrierte sich diese Licht-Detektor-Chemikalie allmählich auf einen einzigen lichtempfindlichen Fleck in einer kleinen Hautgrube. Diese besaß ein winziges Löchlein, durch das Licht eindringen konnte. Das Ergebnis war eine Art Kameraauge, das ein Bild einfangen konnte. Das funktioniert erstaunlich gut …

Teste selbst …
… wie man die Welt durch eine Camera obscura sieht

• Du brauchst eine Röhre. Ein Durchmesser von zirka 8 cm und eine Länge von etwa 30 cm wären ideal, aber die genaue Größe spielt eigentlich keine Rolle.

- Kleb Aluminiumfolie über das eine Ende, und pikse mit einer Nadel ein möglichst winziges Loch in die Mitte.
- Kleb über das andere Ende ein Stück Pauspapier.
- Halte dann die Seite mit dem Loch in Richtung Fenster oder Licht. Auf dem Pauspapier erscheint nun das, was durch das Löchlein zu sehen ist – und zwar verkehrt herum. So funktioniert eine Camera obscura. Manche Schnecken haben Augen, die so funktionieren.

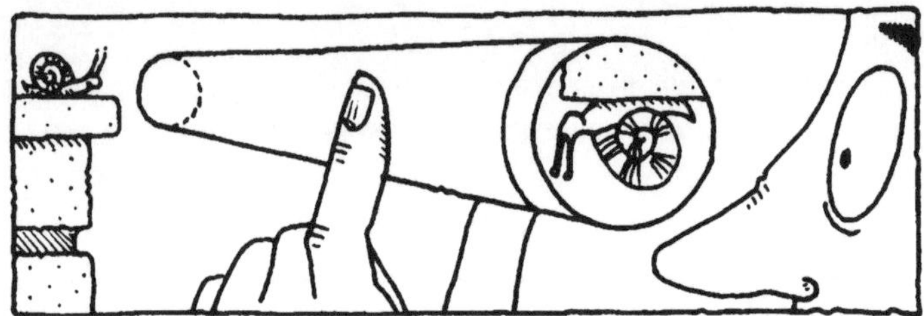

So, jetzt hast du die Welt mit den Augen einer Schnecke gesehen. Das Bild ist deutlich genug, um ihr zu zeigen, ob das Tier, das vor ihrem Haus herumlungert, ein Freund ist oder ein Feind – auch wenn sie es verkehrt herum sieht.

Im Lauf der Zeit entwickelten sich die Augen Schritt für Schritt immer ein bisschen weiter.

- Bei manchen Tieren füllte sich die Grube mit einer geleeartigen Masse, die die Lichtstrahlen brach und sie auf lichtempfindliche Zellen richtete. So wurde das Bild klarer.

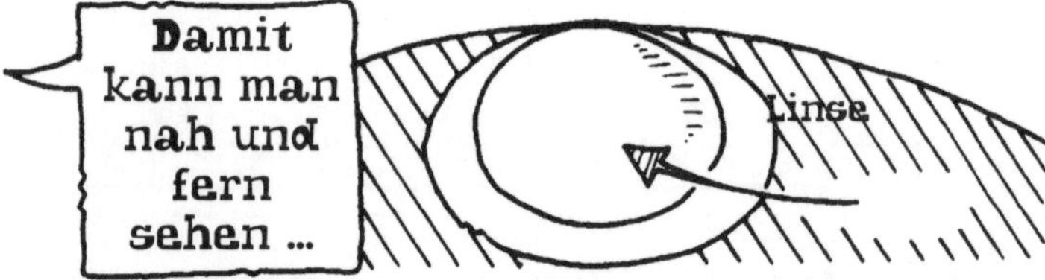

Damit kann man nah und fern sehen ...
Linse

- Dann wurde das Gelee hart und bildete eine Linse. An ihr waren Muskeln befestigt, mit deren Hilfe sie ihre Form verändern konnte. Dadurch wurde es möglich, sowohl Dinge, die in der Nähe waren, als auch entfernt Liegendes scharf zu sehen.

• Über dem empfindlichen Auge bildete sich eine durchsichtige schützende Haut.

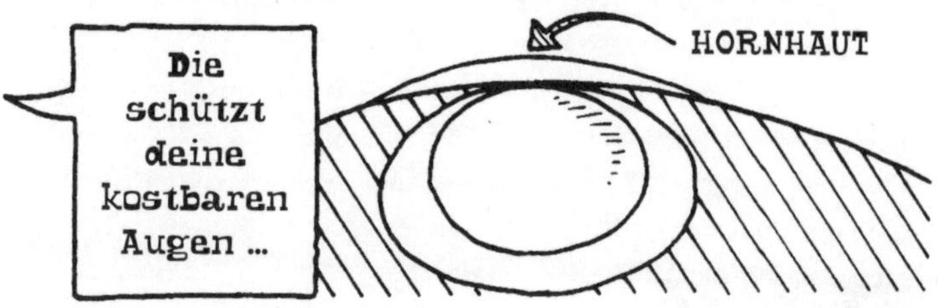

• Die Pupille entwickelte sich. So konnte das Loch, durch das Licht eintrat, weit geöffnet oder geschlossen werden. Damit funktionierte das Auge sowohl in hellem als auch in trübem Licht.

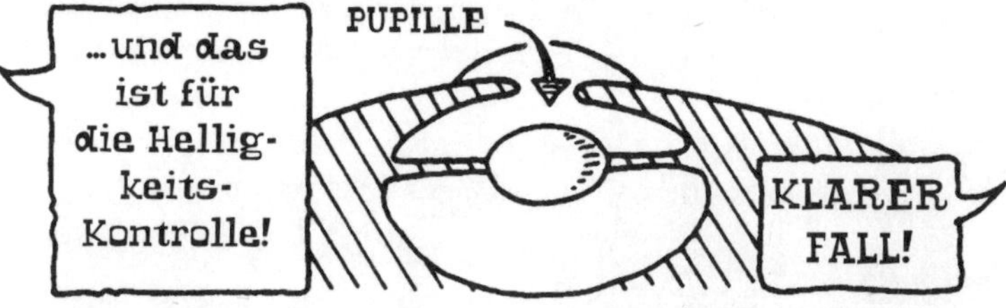

Die Evolution hat den Großteil von einer Milliarde Jahren gebraucht, um ein Auge wie unseres hervorzubringen – aber am Ende hat sie es geschafft. Und noch erstaunlicher ist, dass sie es gleich mehrmals geschafft hat – bei verschiedenen Gruppen von Tieren. Tintenfische, Verwandte der Schnecken, haben Augen, die fast so gut sind wie unsere.

Höhlenbewohner

Tief in unterirdischen Höhlen leben Tiere, die ihr ganzes Leben dort verbringen und niemals ans Tageslicht kommen. Einige dieser Höhlenbewohner wie der arme alte Salamander *Thyphlomolge rathbuni* stammen von Vorfahren ab, die draußen lebten und Augen hatten. Als sie sich zu Höhlenbewohnern entwickelten, verschwanden ihre Augen allmählich wieder, weil sie im Stockdunklen eh nutzlos waren. An solchen Orten zu leben ist ganz schön unheimlich. So ein Salamander muss sich seinen Weg ertasten. Seine Beute verfolgt er mit Hilfe seines extrem empfindlichen Geruchssinns.

Stell dir vor, wie sich ein Biologe fühlen muss, der zum ersten Mal eine dieser gruseligen Höhlen erforscht! In diesen feuchten, kalten Höhlen gibt es blinde Spinnen, die eine schauerliche Jagdmethode entwickelt haben. Sie lassen ihre langen Beine baumeln, tasten damit nach ihrer Beute und beißen dann kräftig zu. Wer die augenlose Welt der Höhlenbewohner erforschen will, braucht Nerven wie Drahtseile!

Schon gewusst ...?
1995 entdeckten Forscher in Rumänien eine neue Höhle. Als das Licht ihrer Taschenlampen die Dunkelheit durchschnitt, wurden 30 bisher unbekannte Arten blinder Spinnen, Bohrasseln und anderer Tiere sichtbar. Diese Tiere hatten ganze fünf Millionen Jahre lang kein Tageslicht erblickt!

Teste deine Lehrer

Troglobionten sind

1 Weltenbummler

2 Wesen, die in finsteren Höhlen leben

3 trottelige Bio-Lehrer

Antwort: 2

Flugsaurier heben ab

Manchmal erfindet die Evolution etwas Neues, indem sie etwas, das es schon gibt, so verändert, dass es für andere Zwecke benutzt werden kann.

Vor 200 Millionen Jahren, in der Jura-Zeit, war es tagsüber schrecklich heiß und nachts ungemütlich kalt. Einige Vorfahren der Flugsaurier bibberten nach der langen kalten Nacht bei Morgengrauen – und hingen mittags, wenn die Sonne vom Himmel brannte, schlapp in der Gegend herum.

Einige dieser Flugsaurier-Vorfahren entwickelten einen tollen Trick, der dafür sorgte, dass ihre Körpertemperatur nicht immer hoch und runter ging wie ein Jo-Jo. Ihnen wuchsen dünne, stark durchblutete Häute zwischen Rumpf und Gliedmaßen. So vergrößerte sich ihre Körperoberfläche. Das bedeutete, dass sie bei großer Hitze schneller abkühlen konnten. Am kühlen Morgen konnten sie dann ihre Flügel ausbreiten, um die ersten warmen Sonnenstrahlen einzufangen.

In der größten Hitze haben sie vielleicht mit diesen Häuten gewedelt, um sich eine kühle Brise zu verschaffen. Und plötzlich hoben sie ab! Ihr Abkühlungsmechanismus war perfekt geeignet, um sich zu Gleitflügeln weiterzuentwickeln.

Ein kleiner Schritt für die Fische …

Erinnerst du dich an den Quastenflosser, das lebende Fossil von Seite 87?

So ähnliche Tierchen krabbelten vor Millionen von Jahren aus dem Wasser und entwickelten sich zu Lebewesen, die im Wasser *und* an Land leben konnten: Sie wurden zu Amphibien, wie es Frösche, Kröten und Molche sind. Die knöchernen Flossen des Quastenflossers waren schon auf dem besten Wege, sich in Beine zu verwandeln.

Doch natürlich war es nicht damit getan, aus dem Wasser an Land zu kriechen. Fische atmen durch Kiemen, die dafür ausgelegt sind, Sauerstoff aus dem Wasser aufzunehmen. Auf dem Trockenen sind Kiemen kaum zu gebrauchen. Der Landgang hätte ein böses Ende genommen, wenn die Fische nicht schon damals die Fähigkeit entwickelt hätten, Sauerstoff aus der Luft statt aus dem Wasser aufzunehmen.

Wenn man heute in der Trockenzeit ein Loch in den Grund eines ausgetrockneten afrikanischen Sees gräbt, findet man tief unten im Schlamm Fische. Lungenfische. Sie haben verlängerte Eingeweide entwickelt. Diese Verlängerungen weiteten sich zu Lungen aus, mit denen sie Luft atmen können. Wahrscheinlich entwickelten sie diesen inneren Gasaustauschmechanismus, um in Gewässern leben zu können, die nicht viel Sauerstoff enthalten. Heute atmen sie damit Luft, wenn sie unter einem ausgetrockneten See auf den Regen warten, der ihn wieder mit Wasser füllt.

Als die Fische an Land krochen, besaßen sie also eine primitive Art Lunge, mit der sie Sauerstoff aus der Luft aufnehmen konnten. Das geschah, indem sie Luft schluckten, die so in ihren „Lungenvorläufer" gelangte.

Ein ganz neuer Mensch

Sieh dir ein Tier nur genau genug an, und du wirst feststellen, dass es schon die wichtigsten Voraussetzungen erfüllt, um sich zu etwas Neuem zu entwickeln. Hier ein bisschen geschrumpft, da ein bisschen gewachsen – und es könnte sich in ein Lebewesen verwandeln, das völlig anders aussieht.

Heute können Wissenschaftler Tiere verändern, indem sie aus einem Tier Gene herausschnipseln und sie in ein anderes hineinmontieren. So verändern sie die genetische Information für den Aufbau seines Körpers. Das nennt man *Gentechnologie.*

Wer weiß, vielleicht können auch die Menschen mithilfe der Gentechnologie irgendwann einmal mit neuen, nützlichen Körpereigenschaften ausgerüstet werden, zum Beispiel …

Infrarotblick

Was ist Infrarotstrahlung?

Unsichtbares Licht, das von warmen Gegenständen ausgeht.

Wer kann dieses Licht sehen?

Grässlich giftige Schlangen namens Grubenottern. Sie nutzen die Infrarotstrahlung, um in völliger Finsternis den warmen Körper ihrer Beute zu „sehen".

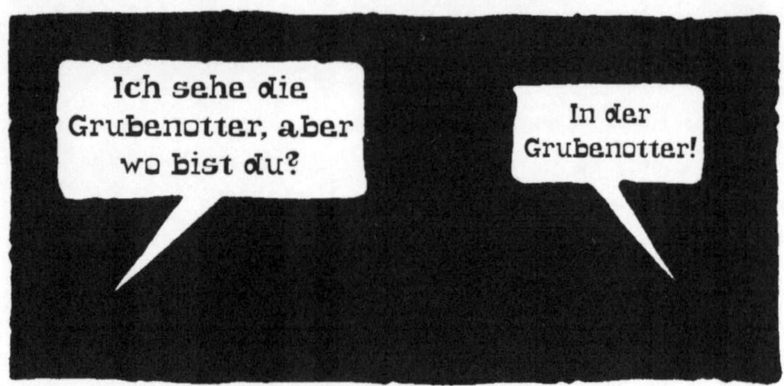

Wozu könnte uns der Infrarotblick nützen?

Zunächst mal würden wir im Dunkeln nie wieder auf die Katze treten. Außerdem bekäme jeder Mensch nach Einbruch der Dunkelheit einen warmen, rosigen Schimmer. Man könnte auch nachts Vögel beobachten gehen.

Eingebauter Kompass

Was kann er?

Er ermöglicht es manchen Tieren, sich auf ihren Reisen zurechtzufinden (und immer wieder nach Hause zu gelangen), und zwar ohne einen Kompass dabeizuhaben. Diese Tiere haben winzige magnetische Körnchen in ihrem Gehirn, die ihnen einen Richtungssinn geben.

Wer hat den eingebauten Kompass?

Mit Sicherheit Bienen und Tauben, vielleicht auch andere Tiere. Tauben und Zugvögel benutzen ihren eingebauten Kompass, um über hunderte von Kilometern aus der Fremde wieder heimzufinden.

Wie würde er uns nutzen?

Wir würden uns nie verirren. Wir wüssten immer, in welche Richtung es nach Hause geht – egal, wo wir gerade sind. Der Nachteil: Wenn du zu spät zur Schule kommst, kannst du nie mehr behaupten, du hättest dich verlaufen.

Körperelektrizität

Was bedeutet das?

Bestimmte Muskeln sind elektrisch geladen.

Wer hat sie?

Zitteraale. Sie lähmen damit ihre Beute.

Was könnten wir damit anfangen?

Wir bräuchten nie mehr neue Batterien für die Taschenlampe. Aber dafür müssten wir beim Händeschütteln ziemlich aufpassen.

Es kann Spaß machen, sich auszumalen, wie sich die Menschen in Zukunft verwandeln könnten, sei es durch die Evolution oder durch die Gentechnologie. Dabei fangen wir gerade erst an zu entdecken, aus welchen Tieren der Vergangenheit wir uns entwickelt haben. Seit Darwin seine Evolutionstheorie veröffentlichte, ist man davon ausgegangen, dass Menschen direkt von den Affen abstammen …

NEUE NACHBARN

Heute lebt auf unserem Planeten eine bunte Mischung aus alten Bewohnern und frisch entwickelten Neuankömmlingen.

Einfach unglaublich: In Schwefelquellen und bei Vulkanen unter dem Meeresspiegel findet man immer noch Bakterien, die beinahe identisch sind mit fossilen Bakterien in dreieinhalb Billionen Jahre altem Gestein.

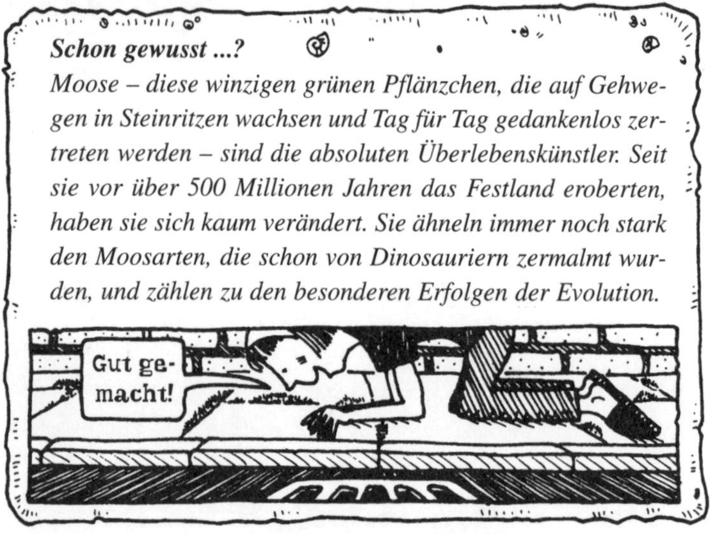

Schon gewusst ...?
Moose – diese winzigen grünen Pflänzchen, die auf Gehwegen in Steinritzen wachsen und Tag für Tag gedankenlos zertreten werden – sind die absoluten Überlebenskünstler. Seit sie vor über 500 Millionen Jahren das Festland eroberten, haben sie sich kaum verändert. Sie ähneln immer noch stark den Moosarten, die schon von Dinosauriern zermalmt wurden, und zählen zu den besonderen Erfolgen der Evolution.

Wir Menschen dagegen sind Neuankömmlinge. Werden wir so erfolgreich sein und so lange überleben wie die Schwefelbakterien und die Moose? Es ist zu früh, um darauf eine Antwort zu geben. Aber wir können im großen Familienalbum der Menschheit zurückblättern und nach Hinweisen suchen, die eine der faszinierendsten Fragen der Evolution beantworten könnten – wer waren die ersten Menschen?

Wahrscheinlich hast du eine Vorstellung davon, wie die ersten Menschen ausgesehen haben – nämlich so wie es Comicbilder häufig zeigen. Du weißt schon, wie …

Kommt dir der Typ bekannt vor?

Hat er vielleicht Ähnlichkeit mit einem Sportlehrer?

Im Ernst: Wir können nicht mit Sicherheit sagen, wie die ersten Menschen ausgesehen haben, denn wir haben bloß ein paar verstreute Knochen, die uns Aufschluss geben könnten. Fest steht aber, dass die ersten Menschen bestimmt ganz schön beleidigt wären, weil sie so gezeichnet und mit Sportlehrern verglichen werden!

Und eins müssen wir klarstellen: Was du auch immer darüber gehört hast: Die Menschen stammen nicht von Schimpansen, Gorillas oder Sportlehrern ab.

Teste deine Lehrer

Pongidae ist

1 der wissenschaftliche Name für die Familie der Menschenaffen

2 der wissenschaftliche Name für die Bakterien in müffelnden Turnschuhen

3 der Name des atemberaubenden Aftershaves von Lehrkörpern

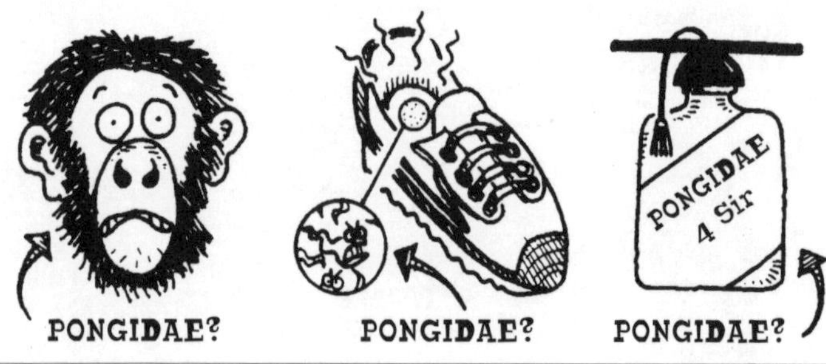

Antwort: 1

Wir haben zwar große Ähnlichkeit mit diesen behaarten Affen, und wir haben die meisten unserer Gene mit ihnen gemein. Aber sie sind nicht unsere direkten Vorfahren.

Wahrscheinlich ist Folgendes passiert:

Vor langer Zeit – vielleicht vor vier Millionen Jahren – lebten in Afrika unbekannte, schimpansenähnliche Affen. Wahrscheinlich waren sie horrend haarig, und wahrscheinlich liefen sie auf vier Beinen.

... UND WAHRSCHEINLICH SAHEN SIE SO AUS.
UH, UH! AH, AH!

Einige dieser urzeitlichen Ahnen entwickelten sich zu den Schimpansen von heute. Ein anderer Zweig der Familie nahm eine andere Richtung und entwickelte sich zu Hominiden. Das ist der wissenschaftliche Name für den Zweig der Affenfamilie, zu dem die Menschen gehören. Die Schimpansen von heute werden sich niemals zu

Menschen entwickeln, egal, wie viele Millionen Jahre wir auch warten – sie folgen ihrer eigenen evolutionären Entwicklung, die sie von den Menschen fortführt.

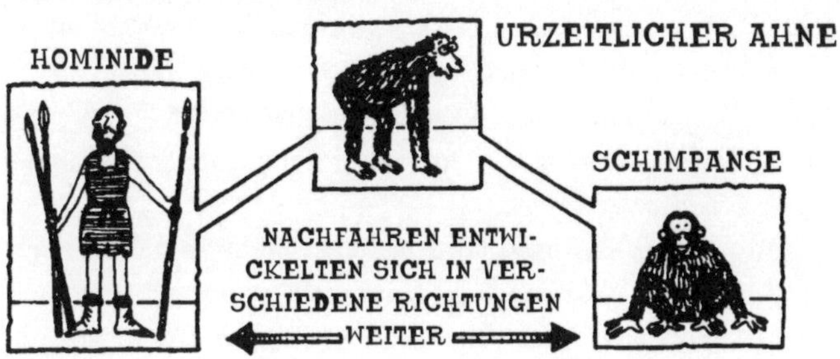

Den größten Teil des vergangenen Jahrhunderts beschäftigten sich Forscher damit, die fehlenden Verbindungsglieder in der Geschichte der Evolution zu finden – Überreste unserer geheimnisvollen, ausgestorbenen hominiden Vorfahren, die die Bäume verließen und aufrecht durch das afrikanische Flachland wanderten.

Dies hier zum Beispiel ist der *Australopithecus*. Dieser Urmensch lebte vor etwa vier Millionen Jahren.

Der aufrechte Gang

Die Erste, die nachwies, dass unsere alten Vorfahren aufrecht gingen wie wir, war die Forscherin Mary Leakey. Sie entdeckte 1976 an einem Ort namens Laetoli in Tansania drei Reihen von Fußspuren, die 3,6 Millionen Jahre alt waren und von Hominiden stammten. Nach so langer Zeit waren diese Spuren endlich ein felsenfester Beweis dafür, dass unsere Vorfahren auf zwei Beinen gingen und nicht auf vieren wie die Affen.

Was brachte die Menschen dazu, aufrecht zu gehen, nachdem ihre Vorfahren auf allen vieren herumgetapst waren? Hierfür haben sich die Forscher unterschiedliche Antworten zusammengereimt. Was glaubst du, welche die richtige ist?

1 Auf zwei Beinen zu gehen half den Menschen dabei, in heißen Gegenden Körperwärme abzugeben. Sie setzten auf diese Weise einen kleineren Teil ihres Körpers der glühenden Sonne aus und behielten einen kühlen Kopf.

2 Oder diente der aufrechte Gang dem Schutz? Wenn die Menschen aufrecht standen, konnten sie Raubtiere besser kommen sehen. Das Leben der ersten Hominiden war oft wahnsinnig gefährlich.

3 Sie hatten so die Hände frei und konnten Werkzeuge benutzen.

1924 grub eine Gruppe von Paläontologen im südafrikanischen Taung einen Haufen Knochen aus. Sie waren etwa drei Millionen Jahre alt und stammten von mehreren Tieren. Die meisten der Knochen hatten rattenähnlichen Lebewesen gehört, andere wirkten auf seltsame Weise vertraut. Als die Forscher sie genauer untersuchten, stellten sie fest, dass diese Knochen von einem Menschenkind stammten. Aber mit dir hatte dieses Kind keine große Ähnlichkeit! Es gehörte einer alten Hominidenart an, dem *Australopithecus africanus*. Das Kind schien auf schreckliche Weise umgekommen zu sein. Was war passiert?

a) War es von Ratten angefallen worden? Hatte es sich gewehrt und im Kampf mehrere getötet?

b) War es eines natürlichen Todes gestorben und neben Haustieren begraben worden?

c) Oder wurde es von einem Adler getötet, der den Körper des Kindes mit seinem Furcht erregenden Schnabel zerteilte und in mundgerechten Stücken zu seinem Nest trug, um seine Jungen damit zu füttern?

Antwort: c) Man geht davon aus, dass sich die Knochen des Kindes in einem fossilen Adlernest befanden, zusammen mit all den Überresten von toten Tieren, die der Adler zum Fressen angeschleppt hatte. An den Knochen des armen Kerlchens entdeckten die Forscher Kerben, die an Schnabelspuren eines Adlers erinnern.

Lucy oder Lukas?

Wissenschaftler lieben ihre Arbeit sehr. Wenn sie ein besonders interessantes Exemplar eines Lebewesens entdecken, dann freunden sie sich regelrecht damit an. Manchmal geben sie ihm sogar einen Namen.

Genau das geschah, als man in den Siebzigerjahren in Äthiopien einen gut erhaltenen versteinerten Menschen in seinen Einzelteilen fand. Es war ein weiblicher Urmensch, ein *Australopithecus afarensis*. Die Frau hatte wie wir einen aufrechten Gang gehabt. Voll ausgewachsen war sie nicht größer als heute ein zwölfjähriges Kind – etwa 1,30 Meter.

Sie war so fantastisch erhalten, dass man ihr einen Namen gab: Lucy – nach dem Beatles-Song „Lucy in the Sky with Diamonds“.

Eine Weile später tauchte in puncto Lucy eine Frage auf. Vielleicht war sie gar keine Frau? Nach drei Millionen Jahren kann man das nur schwer bestimmen. Muss Lucy also in Lukas umbenannt werden? Darüber streiten sich die Wissenschaftler noch.

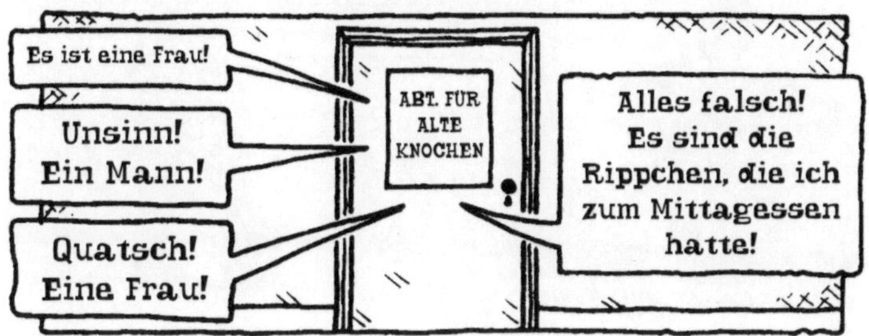

Latein-Lovers

Bestimmt fragst du dich, wo diese seltsamen, zungenbrecherischen Fachbegriffe alle herkommen.

Die Wissenschaftler geben allen Lebewesen einen Namen, der aus dem Lateinischen stammt, der Sprache der alten Römer. Der Grund dafür ist, dass alle Forscher auf der ganzen Welt diese lateinischen Namen verstehen. Wenn es englische oder chinesische oder spanische Bezeichnungen wären, könnten die Leute, die diese Sprachen nicht sprechen, wenig damit anfangen.

Die lateinischen Namen bestehen aus zwei Teilen. Der erste Teil bezeichnet die Gattung und der zweite die Art. Oft gibt es dutzende von Arten, die zu derselben Gattung gehören. Zum Beispiel bei den Großkatzen. Sie gehören alle zu der Gattung *Panthera*, aber jede gehört einer anderen Art und hat dafür eine andere Bezeichnung.

- *Panthera tigris* heißt der Tiger.
- *Panthera leo* ist der Löwe.
- *Panthera pardus* ist der afrikanische Leopard.
- *Panthera oncus* ist der Jaguar.

Wenn der rosarote Panther auch einen lateinischen Namen hätte, dann hieße er *Panthera rosea*.

Lateinische Namen sagen gewöhnlich etwas über ihren Besitzer aus:

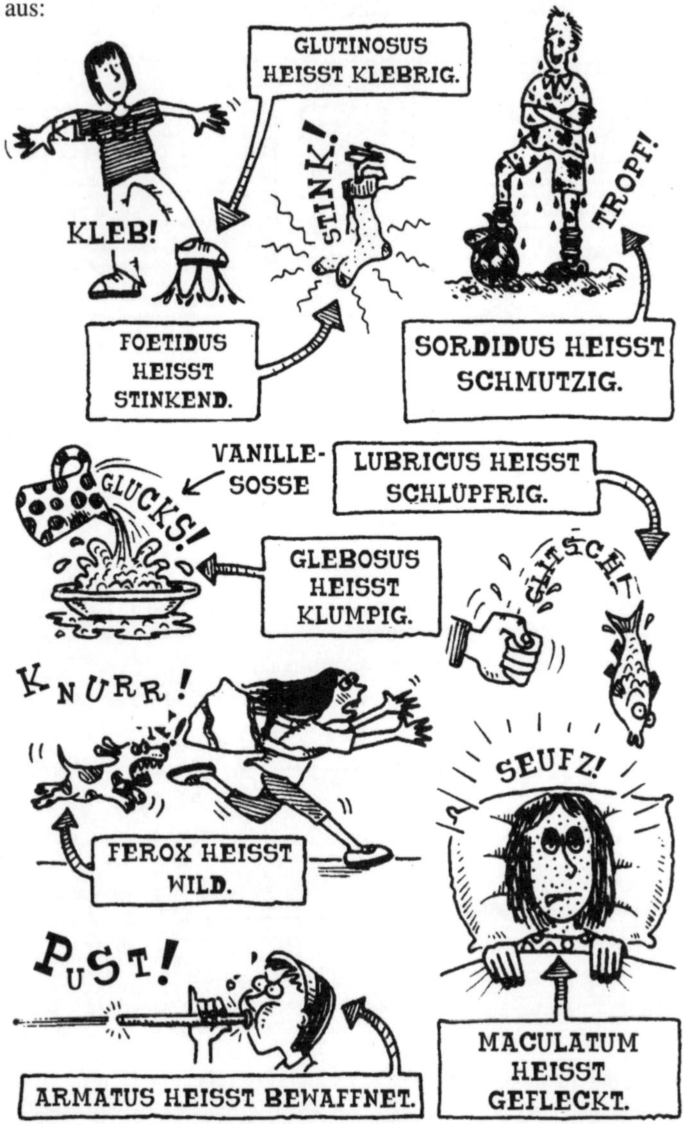

GLUTINOSUS HEISST KLEBRIG.

KLEB!

STINK!

TROPF!

FOETIDUS HEISST STINKEND.

SORDIDUS HEISST SCHMUTZIG.

VANILLE-SOSSE

LUBRICUS HEISST SCHLÜPFRIG.

GLUCKS!

GLEBOSUS HEISST KLUMPIG.

GLITSCH!

KNURR!

SEUFZ!

FEROX HEISST WILD.

PUST!

ARMATUS HEISST BEWAFFNET.

MACULATUM HEISST GEFLECKT.

Das Familienalbum der Hominiden

Als die Evolution des Menschen erst mal in Schwung kam, erschien eine ganze Reihe hoffnungsvoller Hominiden auf der Bildfläche. Es wird also Zeit, dass du ein paar Verwandte kennen lernst, von denen du bisher noch gar nichts wusstest.

HEIMWERKER

NAME: *Homo habilis* (der Werkzeugmacher)

ALTER: lebte vor anderthalb bis zwei Millionen Jahren

LETZTE BEKANNTE ADRESSE: wurde von Mary Leakey in Afrika entdeckt – wie auch die Knochen vieler anderer Verwandter von uns

AUSSEHEN: schwer zu sagen, weil nur ein paar Knochen von ihm gefunden wurden; er ging aufrecht und war wahrscheinlich stark behaart.

BESONDERE EIGENSCHAFT: erfand Werkzeuge aus Stein; die Menschen wurden allmählich clever

FEUERMENSCH

NAME: könnte dem *Homo erectus* zugeordnet werden (diese Art existierte lange Zeit); einige Wissenschaftler gaben ihm jedoch den wohlklingenderen Namen *Homo heidelbergensis*, weil in Deutschland nahe Heidelberg verdächtig ähnliche Knochen ausgegraben wurden.

ALTER: tauchte vor zirka anderthalb Millionen Jahren erstmals auf

LETZTE BEKANNTE ADRESSE: Afrika, Asien, Europa

AUSSEHEN: größer als der *Homo habilis*, auch größeres Gehirn

BESONDERE EIGENSCHAFT: erster Hominide, der Feuer machen konnte

BOXGROVE-MENSCH

NAME: *Homo heidelbergensis*, den manche Wissenschaftler für einen Typ des *Homo erectus* halten.

ALTER: mit 450 000 Jahren der älteste Engländer; könnte in einigen Teilen der Welt auch vor 30 000 Jahren herumgelaufen sein

LETZTE BEKANNTE ADRESSE: Boxgrove in Sussex, England

AUSSEHEN: schwer zu sagen; ein Kieferknochen wurde 1907 bei Heidelberg gefunden; 1995 fanden Archäologen ein paar Zähne und einen Beinknochen; daraus kann man nicht viel folgern.

BESONDERE EIGENSCHAFTEN: Metzelei; seine Überreste wurden zusammen mit Nashornknochen gefunden; sie gehörten vermutlich einem Tier, das er zuvor gehäutet und verspeist hatte (in Großbritannien lebten Nashörner, bis die Eiszeiten sie weiter nach Süden drängten).

NEANDERTALER

NAME: *Homo neanderthalensis* (kluger Mensch aus dem deutschen Neandertal)

ALTER: lebte bis vor 50 000 Jahren

LETZTE BEKANNTE ADRESSE: wohnte an verschiedenen Orten Europas und Afrikas

BESONDERE EIGENSCHAFTEN: lebte in Höhlen; war vermutlich weit intelligenter, als wir ihm zugetraut hätten; besaß zum Beispiel ein größeres Gehirn als wir

WEISER MENSCH

NAME: Homo sapiens (weiser Mensch); damit bist du gemeint; denn du gehörst zu dieser Art

ALTER: etwa 250 000 Jahre

ADRESSE: überall

BESONDERE EIGENSCHAFTEN: haarsträubendes Benehmen

Schon gewusst ...?

Bis in die Fünfzigerjahre hinein glaubten die Wissenschaftler, dass vor etwa 200 000 Jahren noch ein anderer Hominide auf der Erde herumlief. Sie nannten ihn Piltdown-Mensch, weil man seinen Schädel 1908 im englischen Piltdown in Sussex gefunden hatte.

Mithilfe chemischer Testverfahren konnte schließlich jedoch nachgewiesen werden, dass der Piltdown-Mensch schlichtweg eine Fälschung war! Jemand hatte seinen Kopf aus Schädelteilen mehrerer verschiedener Skelette zusammengeklebt. Bis heute ist man nicht hundertprozentig sicher, wer damit so viele Wissenschaftler zum Narren gehalten hat. Aber es gibt eine Menge Vermutungen darüber.

Manche sagen, der Fälscher sei der Amateur-Geologe Charles Dawson gewesen, der den Schädel auch ausgegraben hatte. Andere verdächtigen Sir Arthur Conan Doyle, den Schriftsteller und Erfinder von Sherlock Holmes. Conan Doyle war ein leidenschaftlicher Hobby-Knochenjäger. Er wohnte gleich neben dem Steinbruch, in dem der Schädel gefunden wurde, ***und*** *er hat einmal ein Buch geschrieben, in dem gefälschte Fossilien eine Rolle spielen.*

Grausig, aber wahr?

Vor einigen Jahren machten chinesische Wissenschaftler eine bemerkenswerte Entdeckung. Ihnen fiel auf, dass auf Märkten in China seltsame Dinger verkauft wurden, die man „Drachenzähne“ nannte. Die Wissenschaftler konnten bald nachweisen, dass es sich um versteinerte Zähne eines riesigen, gorillaähnlichen Tieres handelte. In Höhlen entdeckte man noch mehrere dieser Zähne und auch ein paar ungewöhnlich riesige Skelette.

Man konnte beweisen, dass vor ungefähr einer Million Jahren einmal ein Monsteraffe lebte, der fast doppelt so groß war wie die Menschen von heute. Die Wissenschaftler nennen dieses Wesen *Gigantopithecus* – das bedeutet Riesenaffe. Sind die Märchen und Legenden über Riesen vielleicht durch ihn entstanden? War der Yeti im Himalaja in Wirklichkeit ein *Gigantopithecus*? Und gibt es ihn heute immer noch?

Den Yeti werden wir vielleicht niemals finden. Aber all die anderen Arten zu entdecken, die es heute gibt, ist für unsere Wissenschaftler eine wichtige Aufgabe. Und die zu erfüllen ist ganz schön schwierig – denn wenn man von einer Art noch gar nichts ahnt, woher soll man dann wissen, wonach man suchen soll …?

Es ist erstaunlich, wie leicht Forscher manchmal sogar große Tiere übersehen. Man könnte doch meinen, dass sie die spektakulärsten Lebewesen längst entdeckt hätten – und doch tauchen immer wieder neue auf.

Wie um alles in der Welt konnten sie die hier übersehen?

RIESENMAUL-HAI (gehört zu den Makrelenhaien)

ERSTMALS GESICHTET: 1976 per Zufall von einem Forschungsschiff bei Hawaii. Ein weiterer tauchte 1983 nahe der kalifornischen Küste auf.

ERSTAUNLICHE EIGENSCHAFT: Mit viereinhalb Metern Länge der sechstgrößte Hai der Welt. Er hat ein monströses Maul, wirkt aber überraschend freundlich, obwohl er 400 Zähne besitzt. Zum Glück sind sie alle ganz klein. Das Innere seines Mauls leuchtet im Dunkeln. Biologen glauben, dass der Riesenmaul-Hai in den Tiefen des Meeres herumschwimmt und dabei das Maul offen hält. Wie eine Fleisch fressende Taschenlampe zieht er so die kleinen Meerestiere an, die auf das Leuchten zuschwimmen.
Als zusätzliches Bonbon haben die Wissenschaftler auch eine neue Art von Schmarotzerwurm entdeckt, der in den Eingeweiden dieses Walhais lebt.

ZUKUNFTSAUSSICHTEN: Nicht übel. Er ist scheu – das ist immer angebracht, wenn Menschen in der Nähe sind. Denn sobald das Wort „Hai" fällt, strecken viele schon die Hand nach der Harpune aus.

Und wer hätte gedacht, dass man so ein großes Tier wie dieses übersehen könnte?

VU-QUANG-OCHSE

(Pseudoryx nghetinhensis)

Ran an den Speck!

ERSTMALS GESICHTET:
1992 – stückchenweise auf einem Fleischmarkt in Vietnam. Die einheimischen Menschen kannten ihn längst (und wussten, wie man ihn zubereitet). Westliche Wissenschaftler sahen erstmals 1994 ein lebendes Exemplar.

ERSTAUNLICHE EIGENSCHAFTEN: Ungefähr so groß wie eine Ziege. Hat extrem hübsche Hörner.

ZUKUNFTSAUSSICHTEN: Besitzt saftiges Fleisch. Deshalb sieht die Zukunft des Vu-Quang-Ochsen vielleicht nicht allzu rosig aus. Die Hörner könnten eine verlockende Trophäe für Jäger darstellen …

ASTBESTOPLUMA SPONGIA

Ah, Schwämme! Zeit zum Baden!
Ah, Garnelen! Abendessen!

ERSTMALS GESICHTET:
1994 von Tauchern, die Höhlen im Mittelmeer erforschten.

ERSTAUNLICHE EIGENSCHAFTEN:
Er ist der einzige Fleisch fressende Schwamm der Welt. Mag offenbar kleine Garnelen. Fängt sie mit Haken an winzigen Tentakeln, mit denen er übersät ist. Sie funktionieren wie Klettband und fangen alles ein, was ihnen zu nahe kommt.

ZUKUNFTSAUSSICHTEN: Düster. Das Mittelmeer ist furchtbar verschmutzt, deshalb wird er vielleicht nicht überleben.

Und warum dauerte es so lange, bis man den hier fand?
Und obwohl die Menschen es vermutlich schon oft gegessen haben, hat man auch dieses winzige Tierchen lange nicht entdeckt:

SIMBIODON PANDORA

ERSTMALS GESICHTET: 1995. Hängt am Maul von norwegischen Hummern.

ERSTAUNLICHE EIGENSCHAFTEN: Ein kleines Tier, bloß einen Millimeter lang, aber eine Riesenentdeckung. Der *Simbiodion pandora* gehört zu den Cycliophora – einer völlig neuen Gruppe von Tieren, die mit nichts auf der Welt Ähnlichkeit hat. Die *Simbiodion*-Männchen hocken ihr ganzes Leben lang auf den Weibchen. Teile ihres Körpers, die beschädigt werden, können beide neu bilden.

Ich hänge wirklich an ihnen!

ZUKUNFTSAUSSICHTEN: Hängen davon ab, wie gut es dem norwegischen Hummer geht, zumal ihm der *Simbiodon* ständig am Maul hängt. Norwegischer Hummer wird gern gegessen, also wurde seit Jahren auch der *Simbiodon pandora* gekocht, ohne dass es jemandem auffiel.

Wer weiß, welche wundervollen Lebewesen sich noch in unerforschten Teilen der Welt herumtreiben – wenn man nur genau genug hinschaut? Auf der Suche nach neuen Arten erforschen die Wissenschaftler die Erde schon seit hunderten von Jahren. Dennoch haben sie bisher nur einen winzigen Teil der ganzen Vielfalt entdeckt.

Artenzählung

Wir teilen unseren Planeten mit einer ungeheuren Anzahl von Pflanzen und Tieren. Hast du eine Ahnung, wie viele Arten es gibt?

Teste deine Lehrer

Frag zuerst deine Lehrer. Sind es

a) 1 Million?

b) 10 Millionen?

c) 30 Millionen?
d) 100 Millionen?

Antwort: Niemand weiß es. Bisher haben Biologen etwa anderthalb Millionen Arten entdeckt und beschrieben, aber sie sind sich alle einig (ausnahmsweise!), dass es noch viel mehr geben muss. Ein Wissenschaftler, der sich noch mehr Mühe gegeben hat, neue Arten zu entdecken, als die meisten anderen, ist der amerikanische Käferexperte Terry Erwin.

Erwin machte ein überwältigend einfaches Experiment. Im Regenwald von Panama hüllte er einen Baum namens *Luehia seemannii* mit Rauch ein und sammelte dann all die benebelten Käfer auf, die von seinen Zweigen fielen.

In dem Käferhaufen, der sich zu seinen Füßen auftürmte, fand er 160 bisher unentdeckte Arten. Erwin wusste, dass es etwa 50 000 verschiedene Baumarten im tropischen Regenwald gibt, und so konnte er leicht ausrechnen, wie viele unentdeckte Käfer sich wohl noch im Regenwald versteckten.

Terry Erwin hielt nicht nur nach Käfern Ausschau. Wenn es von ihnen vielleicht schon acht Millionen gibt, wie viele andere Insektenarten mochte es dann geben? Und wie viele Würmer, Schnecken und andere Krabbeltierchen, ganz zu schweigen von Pflanzen und Bakterien? Vor gar nicht langer Zeit haben Forscher in Norwegen 4000 neue Bakterienarten in einem einzigen Teelöffel voll Erde ausgebuddelt.

Wenn dein Lehrer also 100 Millionen Arten für die richtige Antwort gehalten hat, dann liegt er vermutlich richtig. (Aber sag es ihm nicht! Lehrer werden manchmal größenwahnsinnig, wenn sie meinen, dass sie immer Recht haben.)

Heute passiert es leider immer schneller, dass Arten ausgerottet werden. Und die Schuld daran trägt meist der Mensch. Er zerstört häufig die besten Lebensräume. Tausende von Arten wurden einfach ausgelöscht. Zum Beispiel diese hier:

- Der Dodo. Lebte einst auf der Insel Mauritius. Er war besonders glücklich dran, weil er auf der Insel keine Feinde hatte. Bis der Mensch kam und Ratten, Katzen und Hunde mitbrachte. Der arme alte Dodo hatte keine richtigen Flügel, also konnte er nicht davonfliegen. Der letzte Dodo war so langsam, dass er bereits 1680 dran glauben musste.
- Die Stellersche Seekuh. Eine sanfte, zahme Kreatur. Wurde nach Georg Steller benannt, einem deutschen Naturforscher, der das Tier entdeckte, als er 1742 einen Schiffbruch erlebte. Die letzte Stellersche Seekuh wurde 1769 gesehen. Sie erlitt das gleiche Schicksal wie der Rest der Familie: Sie wurde von Seeleuten verspeist.
- Die Wandertaube. Anfang des 19. Jahrhunderts war der Himmel über amerikanischen Wäldern voller Wandertauben. Sie flogen dort in Scharen von bis zu 300 Millionen Vögeln herum.

Dodo
† 1680
NUR SOLO
HÄTTE DODO
ÜBERLEBT.
Stellersche
Seekuh
† 1769
LIEB, LAHM,
LECKER.
Wander-
taube
† 1914
TRAT IHRE LETZTE
REISE AN.

UND WAS KOMMT JETZT?

Nichts kann uns ausgestorbene Arten zurückbringen, aber noch haben wir Zeit, um den Tiger zu retten, den Spix-Ara, den Kalifornischen Kondor, den Schlangenhabicht, den Elfenbeinspecht, die Echte Karettschildkröte und den Riesenpanda, die alle vom Aussterben bedroht sind …

Eines ist sicher. Sie alle haben furchtbar lange gebraucht, um sich zu dem zu entwickeln, was sie sind. Und die Wissenschaftler werden sie nicht einfach gehen lassen, ohne für ihre Erhaltung zu kämpfen!

REGISTER